Frontiers in Physics 7

LHCの物理

ヒッグス粒子発見と
その後の展開

浅井祥仁 [著]

基本法則から読み解く**物理学最前線**

須藤彰三 [監修]
岡　真

7

共立出版

刊行の言葉

　近年の物理学は著しく発展しています．私たちの住む宇宙の歴史と構造の解明も進んできました．また，私たちの身近にある最先端の科学技術の多くは物理学によって基礎づけられています．このように，人類に夢を与え，社会の基盤を支えている最先端の物理学の研究内容は，高校・大学で学んだ物理の知識だけではすぐには理解できないのではないでしょうか．

　そこで本シリーズでは，大学初年度で学ぶ程度の物理の知識をもとに，基本法則から始めて，物理概念の発展を追いながら最新の研究成果を読み解きます．それぞれのテーマは研究成果が生まれる現場に立ち会って，新しい概念を創りだした最前線の研究者が丁寧に解説しています．日本語で書かれているので，初学者にも読みやすくなっています．

　はじめに，この研究で何を知りたいのかを明確に示してあります．つまり，執筆した研究者の興味，研究を行った動機，そして目的が書いてあります．そこには，発展の鍵となる新しい概念や実験技術があります．次に，基本法則から最前線の研究に至るまでの考え方の発展過程を"飛び石"のように各ステップを提示して，研究の流れがわかるようにしました．読者は，自分の学んだ基礎知識と結び付けながら研究の発展過程を追うことができます．それを基に，テーマとなっている研究内容を紹介しています．最後に，この研究がどのような人類の夢につながっていく可能性があるかをまとめています．

　私たちは，一歩一歩丁寧に概念を理解していけば，誰でも最前線の研究を理解することができると考えています．このシリーズは，大学入学から間もない学生には，「いま学んでいることがどのように発展していくのか？」という問いへの答えを示します．さらに，大学で基礎を学んだ大学院生・社会人には，「自分の興味や知識を発展して，最前線の研究テーマにおける"自然のしくみ"を理解するにはどのようにしたらよいのか？」という問いにも答えると考えます．

　物理の世界は奥が深く，また楽しいものです．読者の皆さまも本シリーズを通じてぜひ，その深遠なる世界を楽しんでください．

　　　　　　　　　　　　　　　　　　　　　　　　　　　　須藤彰三

　　　　　　　　　　　　　　　　　　　　　　　　　　　　岡　　真

はじめに

　「素粒子にはたくさん良い教科書があるので，今更私が書くことなど無いかな」と，このお話を頂いたとき少し考え込んでしまった．教科書なので，わかったことを，数式を使って正確に書き，厳密に伝えることが大切である．しかし，基礎科学は研究の時間スケールが長くなったので，教科書で伝える，厳密にわかっていることが，カビ臭くなってしまう弊害もある．研究の現場はエキサイティングで，新しい展開が次々に起こっていても，残念ながら大学生には伝わっていない．第 4, 5, 6 章は最新の素粒子研究である LHC でのヒッグス粒子研究を実験に重心をおいてまとめた．特に LHC 加速器や ATLAS 検出器などの実験装置の入門も加えてある．

　これでおしまいにしたら，わかったことでおしまいになってしまう．これから大学院進学や卒業研究を考えている大学 3, 4 年生に，これからどんな風に素粒子研究が進んでいくかの「私観」を伝えてみようと思って引き受けた．一人の男が，産を破り心を狂わせてまで生涯執着したところのモノが何なのかを伝えてみたく思っている．"私"とすると何か限定された危ないシナリオだと思うかもしれないが，シナリオの終着点がどこなのかは個人差があるが，このシナリオは多くの研究者が思い描いているものである．

　東京大学の物理学科 4 年生に素粒子物理学の授業をしている．心がけているのは，難しい数式より感覚に訴えて理解してもらうことである．今回も，この方針で，感覚を重視して話を進めている．厳密さには欠けるが，物理学は数学的な証明ではなく実験事実である．実験事実を中心に第 4～6 章を組み立て，それがどんな風に展開していくかを第 7 章以降に展開した．第 7 章では，ヒッグス粒子の発見がただの新粒子発見なのではなく，宇宙論や次の素粒子研究の方向を決める重要なものであることをまとめている．言わばヒッグス粒子発見の本当の意味であり，ここまではおおざっぱに確立した話である．一方，第 8 章はこれから期待される展開であり，まだ確立した話ではない．そこを意識して

読んで頂きたい．

　第2，3章は，素粒子の基礎原理でヒッグス粒子や超対称性粒子に関係する箇所を選んでいる．なぜ第7，8章のような展開になるのか？その基礎は，こんなところにある．それがわかってもらえるようにした．授業の資料を基本にしている．少し数式が出てくるがご愛嬌である．物理に限らず，実験は総合力である．これまでいろいろ実験・研究してきて，いろいろ感じたことを，授業の雑談にしている．所々に小話が入っているのはそれである．

　これから数年，LHCのエネルギーが倍増され新しい発見が期待できる．この本に書いた通り展開するかもしれないし，またまた別のサプライズがあるかもしれない．どっちに転んでも新しい世界が広がってくれることだろう．

　約束の期限を1年以上過ぎてしまって，多くの方に，御迷惑をかけてしまったが，最後まで，粘り強く進めて下さった編集制作部の島田さんには，心から感謝したく思っております．こうして出版にこぎつけたのも，島田さんのお陰です．また，岡先生には何度も御相談に乗っていただきまして，本当に有難うございました．さらに本書のテーマであるヒッグス粒子の発見に大きな貢献ができたのは，アトラス日本グループや東京大学素粒子物理研究センターの皆様のお陰です．この場を借りまして改めて感謝したく思います．

2016年2月　　　　　　　　　　　　　　　　　　　　　　　　　　浅井祥仁

目 次

第1章 物質の根源と宇宙誕生の謎　　1

1.1 物質の階層性 1
1.2 加速器は顕微鏡 3
1.3 加速器はタイムマシン 6

第2章 素粒子の基礎原理　　9

2.1 素粒子：標準理論に登場する素粒子 9
2.2 Dirac 方程式と反物質 15
2.3 素粒子のスピン 20
2.4 対称性と保存量 22
2.5 ゲージ対称性：力とは 23

第3章 ヒッグス粒子とは　　29

3.1 なぜ質量があると困るのか？ 29
3.2 BEH（ブロウト・アングレール・ヒッグス）機構 33
3.3 フェルミ粒子の質量 38
3.4 ヒッグス場 40

第 4 章　LHC 加速器と陽子の構造　　43

- 4.1　加速の原理と LHC 加速器 43
- 4.2　陽子の構造 47
- 4.3　LHC での運動学 53
- 4.4　ルミノシティーが鍵 56

第 5 章　検出器　　59

- 5.1　検出器概論 59
- 5.2　ATLAS 検出器 61

第 6 章　ヒッグス粒子をとらえる　　71

- 6.1　LHC でのヒッグス粒子生成過程 71
- 6.2　ヒッグスの崩壊過程 74
- 6.3　ヒッグス粒子の探索 (1)　$H \to \gamma\gamma$ 78
- 6.4　ヒッグス粒子の探索 (2)　$H \to Z^0 Z^0$ 82
- 6.5　ヒッグス粒子と思われる新粒子発見 85
- 6.6　$H \to W^+ W^-$ スピン測定 86
- 6.7　フェルミ粒子との結合・質量の起源 88

第 7 章　ヒッグス粒子発見の意味と新たな謎　　93

- 7.1　ヒッグス場と宇宙の誕生 93
- 7.2　ヒッグス粒子発見が生んだ新たな謎 97

第 8 章　超対称性と時空　　99

- 8.1　スピンと空間の関係 99

8.2	超対称性粒子とは	100
8.3	超対称性の切り拓く新しい世界 (1) ヒッグスの階層性	102
8.4	超対称性の切り拓く新しい世界 (2) 力の大統一	105
8.5	超対称性の切り拓く新しい世界 (3) 暗黒物質	107
8.6	LHC での超対称性粒子の探し方	108

第 9 章 これから 111

付録 素粒子の対称性 115

参考図書 119

索　引 123

第1章 物質の根源と宇宙誕生の謎

　2012年7月,「ヒッグス粒子と思われる新粒子」の発見から, 2013年10月のノーベル物理学賞のスピード受賞まで, ヒッグス粒子は, 科学雑誌のみならず一般の新聞などの誌面をかざった. なぜこんなに注目されたのか？これまでいろいろな素粒子が発見されてきたが, ヒッグス粒子はこれまで発見されていた素粒子とは全く異なるカテゴリーの素粒子である. この新しいカテゴリーは, 粒子を取り囲む「真空」に関係している. もっと正確に言うと, 真空に「ヒッグス場」という場が隠れていたことがわかったのである. そして, 宇宙全体に広がったこの真空の場は, 宇宙の誕生や進化に深く関係している.

　「宇宙は何もない"無"から生まれた.」としばしば一般向け科学書に書いてある. そのまま飲み込んでしまうにはあまりにショッキングな表現である. 理系の読者は,「その基となるエネルギーはどこから来たの？」,「その前は, 本当に何もなかったのか？」,「無って？」と疑問に思われるだろう. その答えが, 真空である. 真空とは何もない空虚な状態のようなイメージであるが, 実は, いろいろな実態が詰まったものであり, その状態もいろいろ変化することを予言したのが, 南部陽一郎先生であり, それが自発的対称性の破れである. こうして変化した真空が, 宇宙を膨張させ, 宇宙を進化させていったと考えられている.

　第1章では, 宇宙誕生の謎と, 物質がどう構成されているかをまとめ, 大きな宇宙と小さな素粒子の関係を考える.

1.1　物質の階層性

　すべての物質は元素で構成されているという考え方は, 紀元前のギリシャにまで遡る. 現代の我々には, この考え方に不思議さを感じないかもしれないが,

第 1 章　物質の根源と宇宙誕生の謎

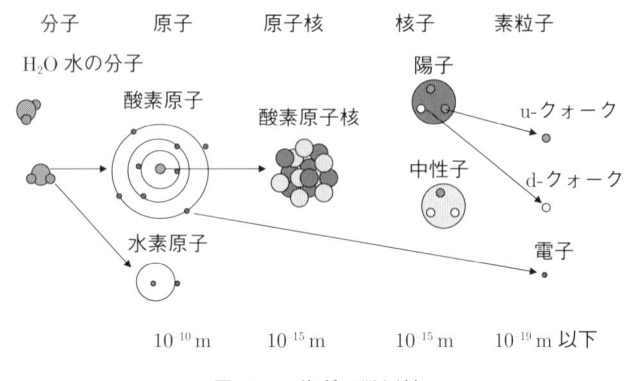

図 **1.1**　物質の階層性.

最小単位が存在するということは，小さな世界では物質は，"連続的ではない"ことを意味する自然観の大きな変更である．よくよく考えてみるとすごいことである．

18～19 世紀になり物理・化学の発達に伴い，原子の発見により，周期表として整備され，原子で構成されている物質観が確立した．

図 1.1 に物質を構成する粒子がもつ階層性を，水を例に示す．水分子は，酸素原子と水素原子で構成されている．これらが元素としてさまざまな物質を構成していると考えられていた．ところが，原子に構造があることが 100 年以上前に発見された．1897 年，トムソンの電子（陰極線）の発見，1911 年，ラザフォードの原子核の発見である．原子核の大きさはおよそ 1 fm (10^{-15} m) であり，原子と比べると 10 万分の 1 の大きさである．物質は，何かがびっしりと詰まったイメージがあるが，粒子のレベルで見るとスカスカであり，なんでこんなにモノが硬く固まっているかは，量子力学で学ぶ不確定性原理として理解されている．

1932 年にチャドウィックが中性子を発見し，原子核は，陽子と中性子で構成されていることがわかった．これが素粒子であると考えられたが，ストーリーはこれで終わらなかった．これら陽子や中性子の大きさや構造があることがわかったのは，時代を下って 1969 年になる．アメリカの SLAC 国立加速器研究所で，高エネルギーの電子を陽子にあてて内部の様子を探ると，大きく散乱される（跳ね返る）反応が時々観測された．これは，ラザフォードの原子核発見と同じ現象であり，内部に固い点状の粒子があることの証拠である．この固い

点状の粒子は，クォークと呼ばれる素粒子であり，陽子（中性子）は 2（1）つのアップ型クォークと 1（2）つのダウン型クォークで構成されている．一方電子は，内部構造をもたず，素粒子として考えられている．

クォークや電子などの素粒子は，大きさがない点状である．もし，有限の大きさがあれば，中に何かが詰まっていることになるので"素"粒子ではなくなる．これまでの研究の結果，これらの素粒子の大きさは，10^{-19} m 以下であることが実験で確かめられている．

このように最小単位である素粒子は，時代とともに変化している．むしろ「時代とともに」と言うより，技術の進歩でより小さな構造を探ることができるようになり，これまで素粒子だと思われていた粒子が，より小さい粒子で構成されていることがわかり，素粒子の座から降格させられてきたのだ．このように物質には階層性があり，現在のところ，クォークとレプトン（電子など）が物質を構成している素粒子だと思われている．

1.2　加速器は顕微鏡

では，そんな小さな素粒子をどうやって調べるか？大きさが 10^{-19} m 以下というのはどうやって計るのだろうか？そこで不可欠な役割を果たすのが加速器である．

量子力学の言うところは，すべての粒子は，"粒"であると同時に"波"である不思議な存在である（同時になのか，観測していないときだけ波なのかはいろいろ議論がつきない）．その波がいったいどういう実体（？）のものなのかなどはわかってはいないが，その波長（ドブロイ波長）λ は，

$$\lambda = h/P \quad (h：プランク定数, P 運動量) \tag{1.1}$$

で与えられる．プランク定数はエネルギーの最小単位（$h = 6.626 \times 10^{-34}$ J·s）であり，量子力学の対象としているようなミクロな世界では，エネルギーや運動量は，もう連続でなく h で表される不連続な量である．

素粒子・原子核分野の研究では，自然単位系（$h/2\pi (=\hbar) = c$(光速) $= 1$）を用いる．この場合，質量，運動量，エネルギーは全部同じ単位（eV：電子ボルト）で表され，長さの逆数になる．1 eV のエネルギーは，素電荷 e をもつ粒子を 1 V の

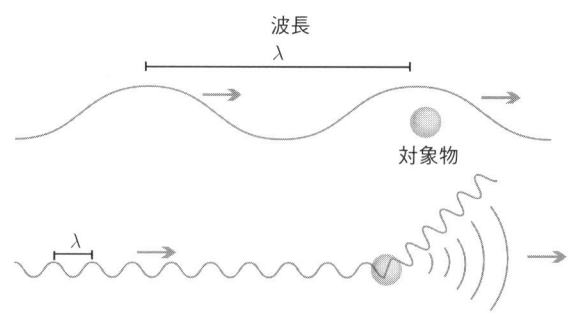

図 1.2 波長と分解能.

電圧で加速したときに得られるエネルギーであり，MKSA 単位系で 1.6×10^{-19} J になる．可視光の光 1 粒子（光子）がもつエネルギーがおおよそ 1 eV である．電子/陽子の質量は MKSA 単位では，9.11×10^{-31} kg/1.67×10^{-27} kg であるが，自然単位系では，511 keV/938 MeV になる．

顕微鏡で倍率を高くしても，視野が暗くなる（見ている領域が狭くなるので）ばかりでなく，像がぼけてよく見えなくなるのは皆さんも経験したことだと思う．波の特徴である回折があるため，波長より細かなものは調べられないからである．同じことが素粒子研究でも言える．細かく調べようと思うと，図 1.2 が示すように，短い波長でみないといけない．式 (1.1) より波長を短くすることは，運動量を高くすることと等価であり，高い運動量の粒子を使って初めて，より小さなモノを探ることができる．

そのわかりやすい例が，電子顕微鏡である．電子も，粒であると同時に波である．電子は軽いので加速しやすく 100 kV 程度の電圧で加速すると，波長は 0.1 Å 程度になり，これで Å 程度の大きさである "原子" が見えるようになる．可視光と違って普通のレンズで収束させることはできないので，コイルを使って磁場を作り電子を収束させ，レンズの役目をさせている（電子の運動量にばらつきがあって，コイルでの曲がり方にばらつき（収差）が生じるため，分解能は波長より少し大きくなって Å 程度である）．電子顕微鏡でウィルスなどの写真は見た方は多いと思うが，最近の高性能電子顕微鏡は，Å サイズの水素原子を見ることができるようになった．

もっと細かく粒子を調べるために加速器が作られた．粒子同士を衝突させているので，顕微鏡のイメージが難しいが，衝突する一方の粒子を，もう一方の

図 1.3　LHC 加速器：円周 27km，地下約 100m のトンネル内に加速器が設置されている（写真提供 CERN）．

衝突する粒子が波として探っていると考えるといい．2 つの粒子の相対的な運動量を高くするために逆方向に運動させている．図 1.2 に示すように，衝突反応後に，どの方向にどんな粒子が出て行ったかによって相手方の粒子の性質を調べることができる．

例えば，原子核の大きさ 1 fm（10^{-15} m）は，自然単位系でおおよそ，$1/200\,\mathrm{MeV}^{-1}$ になる．式 (1.1) を使うと，運動量が約 200 MeV（ざっくり 1 GeV）以上の粒子を使うと初めて原子核の内部を探れることがわかる．図 1.2 の下の例がそうである．こうして調べると，大きく散乱されたり，逆方向に跳ね返されることが時々観測され，陽子の中にはパートンと呼ばれる構造があることがわかった．パートンについては第 4 章で詳しく述べる．

最先端の加速器 LHC（図 1.3）では，粒子を 4 TeV（$\sim 10^{12}$ eV）に加速しているので，式 (1.1) より，その波長はおおよそ 10^{-19} m になり，この分解能で "素粒子自体" や "その反応" の様子を探ることができる．このように，より細かな構造や反応の様子を調べるには，高いエネルギーの粒子が不可欠であり，加速器は顕微鏡の役割を果たしているのである．

1.3 加速器はタイムマシン 〜真空の変化が宇宙を進化〜

加速器のもう 1 つの役割は，タイムマシンである．ビックバンで宇宙が誕生して以来，宇宙は現在も膨張しており，現在の温度は低温の 2.7 K（絶対温度）である．誕生直後の宇宙は熱く，登場する素粒子の種類もその物理法則も異なる．図 1.4 に模式的に宇宙の歴史を描いている．

生まれたときの宇宙の大きさは，10^{-35} m 程度の大きさだったと考えられて

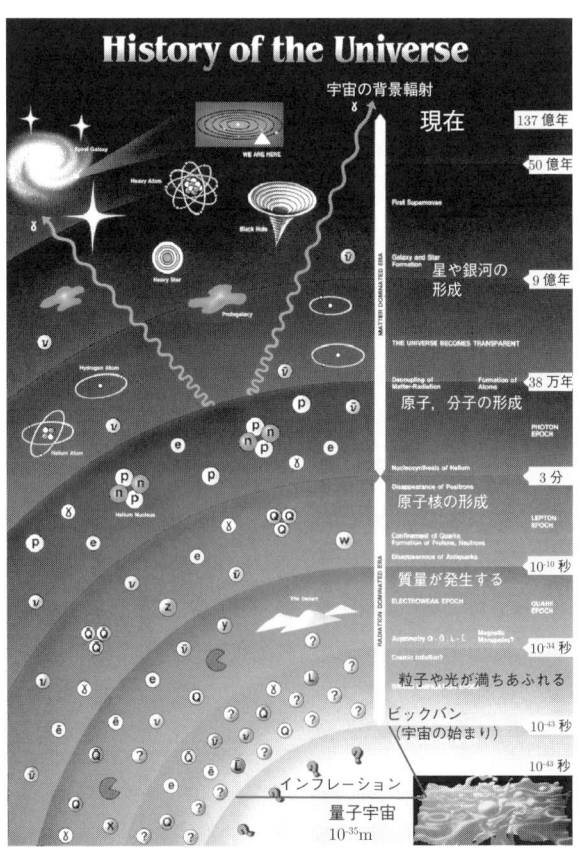

図 1.4 宇宙の歴史：ビックバンから現在への宇宙への進化で，重大な変化が起きた時間を表している．CERN 製作の図を基本にしている．

いる．なぜそんなことがわかるのかというと，これより短い距離（Planck 長と呼ばれる）では，重力が強くなりすぎて存在できない．言わば，長さの最小単位である．そのような宇宙が重力の量子的な揺らぎにより誕生したと想像されている．そんな頃を研究することができるようになるのは，第 8 章で述べるように，ミクロな世界での重力を解明し，量子論的に取り扱うことができるようになってからである．

宇宙が $10^{-43} \sim 10^{-34}$ 秒頃のほんの一瞬の間に，急激に大きくなったと考えられている．これがインフレーションと呼ばれている現象で，宇宙のサイズが 30〜40 桁大きくなったと考えられている．時間や空間だけが存在して中身が空っぽの小さな宇宙が，インフレーションで大きくなった．それでも中はまだ空っぽである．ここで「ビックバン」と呼ばれる事件が起きる．爆発的にエネルギーが放出され，多くの粒子が生成され，これらの素粒子の間に働く 3 つの力（詳しくは後で述べるが，素粒子に働く電磁気力，強い力，弱い力）が存在するようになったのである．ナイーブに考えると，この爆発的に放出されたエネルギーはどこから出てきたのか？なぜ放出されたのか？と疑問が次々湧いてくる．図 1.4 にクエスチョンマークで示したようにまだ謎が多いがこのエネルギーの源がこの本の主役である「真空のエネルギー」であると考えられている．

宇宙はその後も膨張し，10^{-10} 秒後に，ビックバンの温度 (10^{27} K) から，一気に 10^{16} K まで冷えると，今度は，ヒッグス場と呼ばれる物が宇宙全体に満ちた．このため，素粒子に質量が生じ，それまでは光速で運動していた粒子は減速されるようになった．

その後も宇宙は冷え，10^{-6} 秒後に 10^{12} K（1 兆度）まで冷えると，生成された粒子の一部は，クォーク・グルーオン・プラズマ (QGP) の状態（本シリーズ第 2 巻参照）になっていく．原子核が構成されるのが約 3 分後であり，電子が原子核に束縛され，原子や分子ができるのが約 38 万年後である．このときの光が，宇宙背景輻射 (CMB) と呼ばれるものである．これ以前の光は，電子が自由に飛び回っていたため（プラズマ状態），すぐに光と電子が反応を起こしてしまうので，現在まで届かない．

こんな熱い（誕生直後の）状態での物理現象を探るのが加速器のもう 1 つの役割である．歴史で述べたように，10^{-10} 秒より以前では，粒子より，ヒッグス場など「真空に潜んでいる場」がむしろ主役である．ヒッグス粒子発見のインパクトは，粒子そのものの発見ではなく，「真空に潜んでいる場」が発見され

た点にある．このような真空に潜んでいる場の状態が変化（相転移）することで，その場の中にいる素粒子の性質が変わり，宇宙の誕生や進化に大きな影響を与えてきた．昔の状態を再現し，場を研究するタイムマシーンが大型加速器である．

　ヒッグス粒子の発見で宇宙誕生直後 10^{-10} 秒頃の世界がわかったが，それより以前は？先に触れたビッグバン直後の姿や，インフレーションの源は？第7, 8章でそれらの問題を考える．

第2章 素粒子の基礎原理

2.1 素粒子：標準理論に登場する素粒子

図 2.1 は，これまで発見されていた素粒子を体系立てた整理したテーブルである．2つのグループに大別される．1つは，物質を形作る素粒子（図の左側）で，もう1つは力を伝える素粒子（図右上）である．物質を形作る素粒子（レプトンとクォーク）はスピン 1/2 をもつフェルミ粒子である．一方，力を伝える素粒子は，ゲージ粒子と呼ばれ，スピン 1 のボーズ粒子である．フェルミ粒子やゲージ粒子については，詳しく 2.3, 2.5 節で述べるが，ここでは標準理論の登場人物をまとめる．

クォークは，1960 年代に，無数に観測されるハドロンという粒子群を説明するためにゲルマンとツバァイクによって導入された．クォークは，電荷などの他にカラー電荷をもっている．このカラー電荷の力（強い力）が 1 fm より遠距離では急激に強くなるため，「クォークの閉じこめ」が起こり，クォークは直接観察することができない．しかし，1 fm より短い距離（エネルギーで言うと 200 MeV より高い状態）ではハドロンの内部を探れるため，緩やかに束縛されているクォークの存在を実験結果が示している．緩やかにというのは，クォークを結びつける強い力は，1 fm より遠方では急激に強くなるが，逆に近距離では弱くなる（近い極限でゼロ）性質があるからである．

クォークは 6 種類見つかっている．この世界の大部分を作っている陽子や中性子は，アップ (u)，ダウン (d) の 2 つのクォークでできている．それ以外の，チャーム (c)，ストレンジ (s)，ボトム (b)，トップクォーク (t) のうち，ストレンジクォークは宇宙線に含まれていることがあるが，それ以外は加速器実験以外でなかなかお目にかかれない．

一方，クォークを特徴づけているカラー電荷をもたないのが，レプトンと呼ば

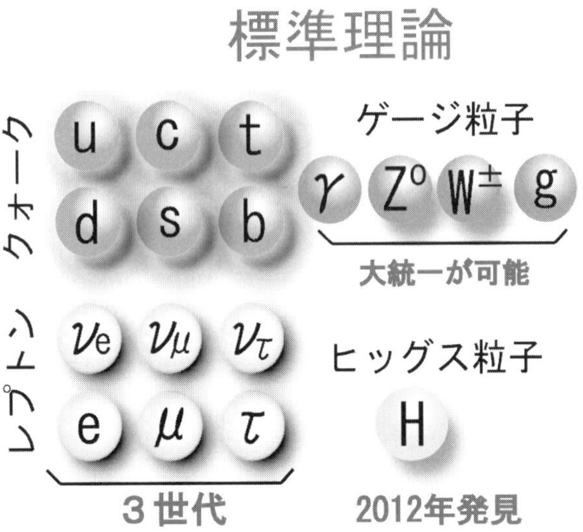

標準理論

図 2.1 標準理論の素粒子.

れる．そのうち，電荷をもっているレプトン（荷電レプトン）は，電子，ミューオン，タウであり，それぞれに対応するニュートリノが3種類ある．ニュートリノは，電荷がなく，弱い力だけに反応するので，なかなかとらえることができない．弱い力が弱い本当の理由が本書のテーマであるヒッグス粒子であるが，それは後に述べる．

物質を構成するフェルミ粒子（クォーク，レプトン）は，セットの構造になっている．このセットが3つ（3世代と呼んでいる）存在している．この構造は，非常に興味深い．まず，1つの世代で考えると，クォークの電荷はアップクォーク u は $+2/3e$（e は素電荷），ダウンクォーク d は $-1/3e$ であり，カラー電荷が3種類あるので，全部加えると $+1e$ になる．一方電子は，$-1e$，ニュートリノは電荷無いので，全部で電荷が0になっている．このように，世代1つのクォークとレプトンの電荷の合計はゼロになっている．少し脱線するが，もう少し注意深く考えてみると，なぜクォークとレプトンの素電荷が一致するのだろうか？ 水素原子の原子核は，アップクォーク2個とダウンクォーク1個で構成されており，合計の電荷は $+1e$ であり，電子の電荷と逆になっている．実際水素原子の電荷が高い精度でゼロになっていることから，クォークとレプトンの素電荷が同じことを示している．クォークとレプトンが関係なかったら，そ

れぞれの素電荷が一致する必要がないので，この事実は，クォークとレプトンが何か深いところで関係している，もっと端的に言うとクォークとレプトンの源は同じことを示している．これについては第 8 章で述べる．

話を世代に戻す．世代 1 つで十分なのに 3 世代ある．3 世代あるのだから，4, 5, 6 と続くのかな？と思われるが，実験結果で 3 世代までであることもわかっている．図 2.2 は，Z^0 粒子が生成され，別の素粒子対に崩壊する反応断面積を重心系のエネルギーを変えて測定した結果である．Z^0 粒子からクォーク対，荷電レプトン対やニュートリノ対に崩壊する．Z^0 粒子がニュートリノ対に崩壊した現象は直接は観測できないが，クォーク対や荷電レプトン対に崩壊した場合は観測することが可能であり，図 2.2 は，クォーク対に崩壊する現象の反応断面積を観測したものである．このクォーク対に崩壊した現象を調べることで，観測できないニュートリノ対に崩壊する割合がわかる．もしニュートリノ[1]に 4 世代目があれば，その崩壊は直接観測されないが，Z^0 粒子からニュートリノ対に崩壊する反応が 3 世代より起こりやすくなり，Z^0 粒子の寿命が短くなる．寿命が短くなると不確定性関係 ($\Delta E \Delta t > \hbar$) より，質量がずれた（$\Delta E$ が大きくなる）場合でも存在できるようになるので，図 2.2 の形（Breit-Wigner 共鳴曲線）が広がる．

$$f(s) = \frac{s^2}{(s - m_Z^2)^2 + m_Z^2 \Gamma^2}. \tag{2.1}$$

式中で $\sqrt{s}$, Γ, m_Z は，それぞれ重心系エネルギー，Z^0 粒子の崩壊幅，および質量を表している．この数式は，もし $\Gamma = 0$（安定粒子）だと，$\sqrt{s} = m_Z$ の所でデルタ関数になり，その質量のときだけ存在していることを示す．一方，$\Gamma \neq 0$（不安定）だと，$\sqrt{s} = m_Z$ から Γ 程度ずれてもいいことになる．図 2.2 の半値全幅が，式 (2.1) の幅 Γ になっており，Γ の逆数が寿命 ($\tau = 1/\Gamma$) になる．崩壊幅 Γ は，何を意味しているのだろうか？式中では，崩壊幅はエネルギーの次元をもっていることがわかる．自然単位系でエネルギーの次元は，時間の逆数であり，単位時間にそのパターンに崩壊する割合を示している．Z^0 粒子は，クォーク対，荷電レプトン対やニュートリノ対の崩壊パターンがある．それぞれのパターンで単位時間あたりにどれくらい崩壊するかが計算できる．それが部分

---

[1] ニュートリノの質量が Z^0 粒子粒子の半分より軽くないと運動学的に崩壊できない．第 1〜3 世代のニュートリノ質量は，Z^0 より 10 桁以上軽いと考えられている．4 世代目のニュートリノも軽いことを前提としている．

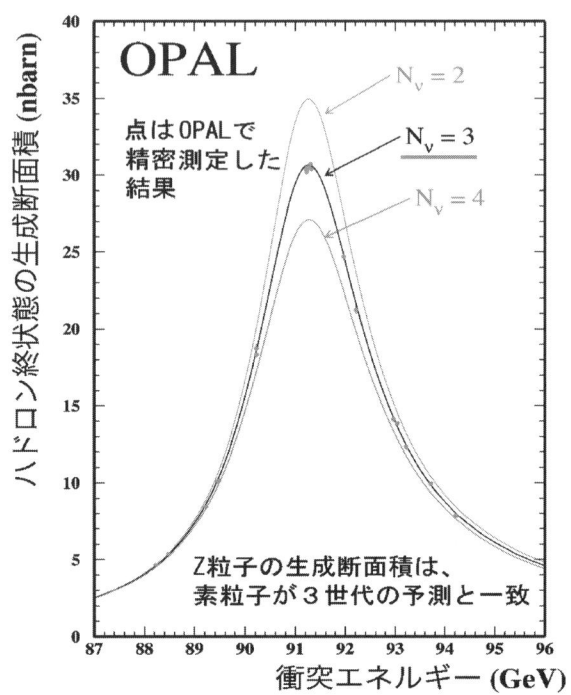

図 2.2　Z^0 粒子の反応断面積：崩壊幅の測定.

幅と呼ばれる値であり，Γ(ハドロン)，Γ(荷電レプトン)，Γ(ニュートリノ) となる．全崩壊幅 Γ は，それぞれパターンの崩壊幅の和であり，崩壊幅は崩壊のすべてのパターンの情報を含んでおり，Γ の逆数が Z^0 粒子の寿命 ($\tau = 1/\Gamma$) になっているのである．

図 2.2 の中心値が，Z^0 粒子の質量 m_Z であるが，これからずれた状態の Z^0 粒子も寿命が短いゆえに存在できるのである．実験結果は $N_\nu = 2.984 \pm 0.008$ であり 3 世代で打ち止めなのである．なぜ 3 なのか？これは大きな謎である．空間次元も，カラーも，世代も 3 であり，根拠はどれも不明であるが，3 は素粒子物理のマジックナンバーである．背後に何らかの対称性が潜んでいると思われる．

最後に，世代間の違いは，質量だけである．質量が同じだったら，（または無かったら）第 1, 2, 3 世代は全く同じである．素粒子に質量を与えている場が

この本の主題であるヒッグス場であるから，この世代の誕生，違いにヒッグス場が深く関係している．なぜ，3世代目は質量が大きくなり，1世代目は極めて小さいのか? 世代の解明，もっと言えば，なぜ世代があるのか? も謎である．

離れた距離にある（素）粒子に力が及ぶ（遠隔作用）のは，力を伝える素粒子がいるからである．素粒子が，どのように力を伝えるかは，2.5節ゲージ対称性で詳しく述べる．これまでの研究で，力は4つあることがわかっている．重力，電磁気力，弱い力，強い力である．それぞれの力を伝える素粒子は，重力子（G：未発見：スピン2と考えられている），光子（γ），$W^{\pm}$，Z^0粒子，グルーオン（g）である．重力は，他の力と比べて格段に弱く（40桁も弱い），さらに量子論との不整合があるため，標準理論と呼ばれている枠組みの中では扱えない．残りの光子γ，$W^{\pm}$，Z^0粒子，グルーオンg（これは8種類ある）は，スピン1のベクトル粒子である．これら力を伝える素粒子は，$W^{\pm}$，Z^0粒子以外質量がない．

グルーオンは，強い力を伝える素粒子で，その元となるのがカラー電荷であり，R（赤），G（緑），B（青）の3つの色で表している．この色は抽象的な意味であり，光の色とは関係ない．クォークがカラー電荷を1つもっている．一方グルーオンは2つもっているので8つの組み合わせが可能になる．例えば，$u(R) \to g(R\bar{G}) + u(G)$のようにアップクォーク$u$のカラー電荷を変えるのがグルーオンである．2つのアップクォーク$u(R)u(G)$は，共に正の電荷をもっているので，電磁気力で反発する．しかし原子核の中ではグルーオンを交換して色が変わる$u(R)u(G) \to u(G)u(R)$反応が起こり，クォーク同士を結びつけている．グルーオン自身もカラー電荷をもっているので，グルーオンとグルーオンは結合し，$g \to g + g$（グルーオン輻射）や$g + g \to g + g$（グルーオン・グルーオン散乱）などの反応が起こる．強い力は1 fmより遠距離では急激に強くなるため，クォークの閉じこめ同様に，グルーオンも閉じ込めが起こり，直接観察することができない．

弱い力を伝える素粒子は，Z^0粒子と$W^{\pm}$粒子である．もともとは，$W^{\pm}$粒子の中性成分W^0の3つが弱い力を伝える素粒子であったが，弱い力と電磁気の力が混合し，Z^0粒子と光γになった．その混合を表しているのが，ワインバーグ角（θ_W）である．

$$\begin{pmatrix} \gamma \\ Z^0 \end{pmatrix} = \begin{pmatrix} \cos\theta_W & \sin\theta_W \\ -\sin\theta_W & \cos\theta_W \end{pmatrix} \begin{pmatrix} B \\ W^0 \end{pmatrix}. \tag{2.2}$$

B は，光のようなゲージ粒子である（B と表すが磁場ではない．ハイパー電荷場と呼ばれている）．$\theta_W=0$ は混合がない状態で，$Z^0 = W^0$ となるが，実際には $\sin^2\theta_W=0.23$ であり，かなり混合している．その混合のため，Z^0 粒子（質量 91 GeV）は $W^\pm$ 粒子 (質量 80 GeV) より重くなっている．弱い力 $W^\pm$ 粒子を交換すると何が起こるのだろう？図 2.1 でクォークは，u と d, レプトンは ν と e でそれぞれ対になっていた．この対が，弱い力の構成単位である（回転群 SU(2) の 2 重項になっている）．この対の中での変化を引き起こす．例えば $u \to W^+ + d$ や $d \to W^- + u$ のような反応である．$u \leftrightarrow d, \nu \leftrightarrow e$ に変化させるものである．$u = \binom{1}{0}, d = \binom{0}{1}$ と表すと，$W^\pm$ は量子力学のスピンの昇降演算子（$\sigma_\pm = \frac{1}{2}(\sigma_x \pm i\sigma_y)$）に対応している．ここで，$\sigma_x, \sigma_y, \sigma_z$ はパウリ行列を表している．

$$\sigma_x = \begin{pmatrix} 0 & 1 \\ 1 & 0 \end{pmatrix}, \sigma_y = \begin{pmatrix} 0 & -i \\ i & 0 \end{pmatrix}, \sigma_z = \begin{pmatrix} 1 & 0 \\ 0 & -1 \end{pmatrix}. \tag{2.3}$$

パウリ行列 $\sigma_i (i = x, y, z)$ は，以下の反交換関係を満たしている．

$$\sigma_i \sigma_j + \sigma_j \sigma_i = 0 \ (i \neq j) \tag{2.4}$$

$$\sigma_i^2 = I (単位行列). \tag{2.5}$$

昇降演算子 $\sigma_\pm$ を用いて，クォークの種類が変わる反応 $u \to W^+ + d$ は，$\binom{1}{0} = \sigma_+ \binom{0}{1}$ となり，弱い力は 2×2 行列の構造になっている．

一方中性の W^0 (Z^0) が起こす反応が中性流と呼ばれるもので，上下 ($\binom{1}{0}, \binom{0}{1}$) を変えない反応であり，パウリ行列の σ_z に対応する．少し話がそれるが，電弱統一理論（標準理論の一部で電磁気力と弱い力を統一的に記述する）の端的な予言がこの中性流であった．$\nu_\mu e^- \to \nu_\mu e^-$ は，$W^\pm$ 粒子（ν_e でなく ν_μ なので）や電磁相互作用では起きない反応であるが，弱い力を上で述べたように定式化すると，この中性流が必要になる．1973 年，今回ヒッグスを発見した研究所 (CERN) で行われたガーガメラ実験は，加速器で生成した ν_μ をバブルチェンバーに入射して電子が散乱される中性流の現象を発見した．翌 1974 年に

はチャームクォークが発見され，ストレンジクォークと弱い力で対になっていることがわかった．これにより 1979 年，ワインバーグ・サラム・グラショーの 3 名に，ノーベル物理学賞が授与された．

2.2 Dirac 方程式と反物質

まずフェルミ粒子の波動関数を考える．質量を m，エネルギー運動量を (E, P_i) としたときの相対論的な関係式

$$E^2 = P^2 + m^2 \tag{2.6}$$

からスタートする．エネルギー，運動量，質量が自然単位系（1.2 節参照）では，同じ次元になる．付録に，この式の起源やローレンツ変換の背後にある対称性をまとめた．ここに量子化の手順

$$E \to i\frac{\partial}{\partial t}, \quad \boldsymbol{P} \to -i\boldsymbol{\nabla} \tag{2.7}$$

を施すと [2]，

$$(\partial_\mu \partial^\mu + m^2)\phi = (\frac{\partial^2}{\partial t^2} - \boldsymbol{\nabla}^2 + m^2)\phi = 0 \tag{2.8}$$

が得られる．式 (2.8) で，添え字 μ は，(0,1,2,3) をとり，それぞれ時間と空間成分に対応している．添え字が 2 回出ているときは縮約をとる．すなわち $A^\mu A_\mu = \sum_{i=0,1,2,3} A_i A^i$ を意味する．では，下付き添え字成分と上付き添え字成分との関係は $x_\mu = g_{\mu\nu} x^\nu$ と計量テンソル $g_{\mu\nu}$ で結ばれており，縮約の結果は，付録に示したように，ローレンツ変換に対して不変となる．

$$g_{\mu\nu} = \begin{pmatrix} 1 & 0 & 0 & 0 \\ 0 & -1 & 0 & 0 \\ 0 & 0 & -1 & 0 \\ 0 & 0 & 0 & -1 \end{pmatrix}. \tag{2.9}$$

ちょっと脱線になるが，下付き添え字成分と上付き添え字成分が出てくると，な

---
[2] $\boldsymbol{\nabla} f$ は，x, y, z の 3 次元空間の偏微分によって構成されるベクトル $(\frac{\partial f}{\partial x}, \frac{\partial f}{\partial y}, \frac{\partial f}{\partial z})$ を表し，スカラー f の x, y, z 方向の勾配を表している．

んかうんざりしてしまう方もいると思う．重力を考慮しない場合（特殊相対論の枠組み）は，計量テンソル（式 (2.9)）は，空間成分は2乗するとき，負にするだけを意味している．普通の座標ベクトル (t, x, y, z) は，x^μ と上付きで反変ベクトルと呼ばれている．一方，$x_\mu = g_{\mu\nu} x^\nu$ で得られた下付き x_μ は共変ベクトルと呼ばれ，空間部分の符号がひっくりかえる[3]．その点だけ注意すればいい．時間と空間を区別しているのが，この2乗したときの正負の違いだけである．付録にこの違いを述べているが，回転で不変な長さを出すときにこの正負が必要になる．それ以外は，あまり気にせず，以降読んでもらってかまわない．一方，重力がある場合は，この計量テンソル（式 (2.9)）が複雑になり，非対角成分が出てくる．重力は時空が曲がった効果なので，曲がった世界で長さを測るのは，曲がった効果を取り入れる必要がある．重力のあるところで使えない議論をしている？と心配に思うかもしれないが，まず重力は極端に弱いので，素粒子の研究のときは気にしなくてもいい．さらに曲がった時空でも，局所的に平らな計量（式 (2.9)）にすることができる．

式 (2.8) に出てくる ∂_μ は

$$\partial_\mu = \frac{\partial}{\partial x^\mu} = (\frac{\partial}{\partial t}, \frac{\partial}{\partial x}, \frac{\partial}{\partial y}, \frac{\partial}{\partial z}) \tag{2.10}$$

を表しており，4次元の共変ベクトルになる．これと計量テンソル式 (2.9) を使うと，反変ベクトル ∂^μ が得られ，式 (2.8) の変形を導くことができる．

式 (2.8) はクライン・ゴルドン方程式と呼ばれている．ボーズ粒子がこの解 ϕ に従う．固有値は，式 (2.6) からわかるように

$$E = \pm\sqrt{P^2 + m^2} \tag{2.11}$$

となり，負のエネルギー解が出てくる．ϕ の確率解釈をするとき，負のエネルギー解は確率が負となる問題を引き起こす[4]．ディラックは，この負の問題を解決しようと考え，式 (2.6) の2次形式が，式 (2.11) の負の解を生んでいると考えた．そこで彼は，

---
[3] x_μ のローレンツ変換に対する振る舞いが，座標系を決める単位ベクトル e_μ と同じなので，共変と呼ばれている．一方，座標などのベクトルは $t \cdot e_t + x \cdot e_x + y \cdot e_y + z \cdot e_z$ と表されるので，変換性が逆になるので反変と呼ばれている

[4] 現代では ϕ は，確率波動関数でなく，ボソンを量子化した場と解釈されており，負のエネルギー解もそのまま受け入れている．

$$H\Psi = (\boldsymbol{\alpha} \cdot \boldsymbol{P} + \beta m)\Psi \tag{2.12}$$

なる 1 次形式からスタートし,

$$\begin{aligned}H^2\Psi &= (\alpha_i p_i + \beta m)(\alpha_j p_j + \beta m)\Psi \\ &= \bigl[\sum_{i,j=1}^{3}[\alpha_i^2 p_i^2 + (\alpha_i\alpha_j + \alpha_j\alpha_i)p_i p_j] + \sum_{i=1}^{3}(\alpha_i\beta + \beta\alpha_i)mp_i + \beta^2 m^2\bigr]\Psi \end{aligned} \tag{2.13}$$

が式 (2.6) の相対論的関係を満たすように要請する．非対角項が消えるために式 (2.14) の反交換関係が要求される．

$$\{\alpha_i, \alpha_j\} = \{\alpha_i, \beta\} = 0. \tag{2.14}$$

前半部分は非相対論的な量子力学でスピンを導入した際に出てきた反交換関係と同じで，式 (2.3) で述べたパウリ行列が満たしている．しかし新たに後半の β との反交換も要求することになったため，式 (2.3) の 2×2 行列では満たすことができず，最低 4×4 行列が必要になってくる．1 つの表現（Dirac 表現と呼ばれている）として,

$$\alpha_1 = \begin{pmatrix} 0 & \sigma_x \\ \hline \sigma_x & 0 \end{pmatrix}, \alpha_2 = \begin{pmatrix} 0 & \sigma_y \\ \hline \sigma_y & 0 \end{pmatrix}, \alpha_3 = \begin{pmatrix} 0 & \sigma_z \\ \hline \sigma_z & 0 \end{pmatrix}, \beta = \begin{pmatrix} I & 0 \\ \hline 0 & -I \end{pmatrix}. \tag{2.15}$$

となる．ここで $\sigma_x, \sigma_y, \sigma_z$ は，式 (2.3) で述べたパウリ行列であり，I は 2×2 の単位行列である．これを式 (2.12) に代入し，式 (2.7) の量子化の手続きを行い，左側から β を施すと

$$i\beta\frac{\partial}{\partial t}\Psi = (-i\beta\boldsymbol{\alpha} \cdot \boldsymbol{P} + m)\Psi \tag{2.16}$$

になる．これを相対論になじむように，式 (2.10) で示した 4 次元微分を用いて変形すると

$$(i\gamma^\mu \partial_\mu - m\boldsymbol{I})\Psi = 0, \tag{2.17}$$

$$\text{ここで} \quad \gamma^0 = \beta \quad \gamma^i = \beta\alpha_i (i = 1, 2, 3) \tag{2.18}$$

となる．この γ^μ ($\mu = 0, 1, 2, 3$) は，Dirac 行列と呼ばれている 4×4 の行列である．ここで，相互作用していない自由粒子を考える．4 次元運動量 p_μ をもつ平面波解

$$\Psi = u(p) \exp(-ix^\mu p_\mu) \tag{2.19}$$

を式 (2.18) へ代入すると

$$(\gamma^\mu p_\mu - m)u(p) = 0 \tag{2.20}$$

となる．これが粒子の Dirac 方程式である．話を簡単にするため，$p_i = 0 (i = 1, 2, 3)$ の止まっている粒子の解を考えてみる．Dirac 方程式は，

$$Hu(p) = \begin{pmatrix} m & 0 & 0 & 0 \\ 0 & m & 0 & 0 \\ 0 & 0 & -m & 0 \\ 0 & 0 & 0 & -m \end{pmatrix} u(p) \tag{2.21}$$

と簡単になり，解（固有ベクトル）は，

$$u(p)_i = \begin{pmatrix} 1 \\ 0 \\ 0 \\ 0 \end{pmatrix}, \begin{pmatrix} 0 \\ 1 \\ 0 \\ 0 \end{pmatrix}, \begin{pmatrix} 0 \\ 0 \\ 1 \\ 0 \end{pmatrix}, \begin{pmatrix} 0 \\ 0 \\ 0 \\ 1 \end{pmatrix}. \tag{2.22}$$

固有値 $E = m (i = 1, 2)$ $E = -m (i = 3, 4)$ の 4 つの解が出てくる．ディラックの当初のもくろみははずれて，やっぱり負のエネルギー解が出てきてしまった．

この負の解は何を意味しているのであろう？ $E < 0$ として

$$\Psi = N \exp(-Et) = N \exp(-(-E)(-t)) \tag{2.23}$$

と変形できる．こうしてみると負のエネルギー解は，$-t > 0$ の正エネルギーに対応しており，図 2.3 の右側に示すように，時間を遡っていく粒子と考えられる．空間に右左があるように，x 負の方向への運動が可能である．しかし我々の感覚では時間を遡ることができないので，図 2.3 左側のように，時間と空間の平面で一方向に運動しているイメージである．しかし，相対論は，時間と空

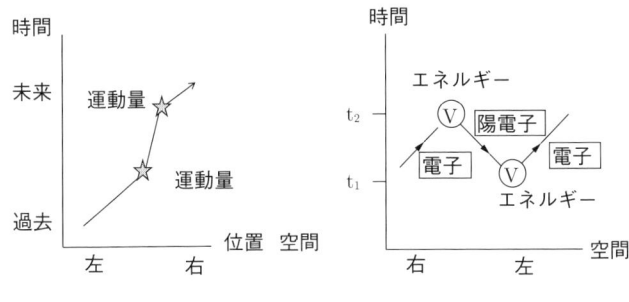

図 **2.3** 物質と反物質の運動.

間を同等に扱う．したがって $t < 0$ への運動があってしかるべきである（図 2.3 右図中央）．しかし我々は時間を遡ることはできない．我々は，ある時間 t で切り出した平面（タイムスライス）ごとに空間を見ている．$t < t_1$ では，粒子が1つだけあったが，$t = t_1 \sim t_2$ の間では，粒子は3つに増えており，そのうち1つは時間を遡っている．時間を遡っていく粒子が"反粒子"である．これがエネルギー負の解である．反粒子は，粒子の反対の電荷をもっているが，質量などの性質は全く同じである．

運動量 p_x を与えると x 方向の運動が変化するように，エネルギー E で t 方向の運動が変化する．これを粒子・反粒子で見ると，図 2.3 が示すように，$t = t_1$ では，エネルギー E を与えると粒子と反粒子が生成（対生成）することを示しているし，$t = t_2$ では，粒子と反粒子が出会うと消えて（対消滅），エネルギーが生み出されている．

Dirac 方程式の話をわざわざこの章でしたのは，反粒子の話で，記憶にとどめて欲しいことが2点あるからである．

- 時間と空間の対称性をいれると，新しい粒子（反粒子）が出てきた．このことは第8章で話す超対称性粒子の重要な教訓である．
- 粒子と反粒子を対消滅させるとエネルギーが生まれる．加速器実験のよりどころである．

2.3 素粒子のスピン

Dirac 方程式のエネルギー正負の解でそれぞれ 2 つ解がある．この 2 つの解は，導入した反交換関係に関係し，スピンに対応している．Z 方向に運動量 P_z で運動している場合を例として考える．話を簡単にするため，$P_x = P_y = 0$ とする．Dirac 方程式は簡単になり，式 (2.3) の σ_z と 2×2 行列の単位行列 I を使って，

$$Hu(P) = \begin{pmatrix} mI & \sigma_z P_z \\ \sigma_z P_z & -mI \end{pmatrix} \begin{pmatrix} u_A \\ u_B \end{pmatrix} = E \begin{pmatrix} u_A \\ u_B \end{pmatrix}. \quad (2.24)$$

u_A, u_B はそれぞれ 2 成分表示である．これより

$$\sigma_z P_z u_B = (E - m) u_A$$
$$\sigma_z P_z u_A = (E + m) u_B \quad (2.25)$$

が得られる．$E > 0$ の 2 つの解は

$$u(P)_{1,2} = \sqrt{\frac{E+m}{2m}} \begin{pmatrix} 1 \\ 0 \\ \frac{P_z}{E+m} \\ 0 \end{pmatrix}, \begin{pmatrix} 0 \\ 1 \\ 0 \\ -\frac{P_z}{E+m} \end{pmatrix} \quad (2.26)$$

である．この 2 つの解が直交していることは自明である．$P_z \ll m$ の非相対論極限を見ると，式 (2.22) の解と一致する．ここで，スピンを運動量方向に量子化する場合を考え，ヘリシティー演算子 h を導入する．

$$h = \frac{1}{2} \boldsymbol{\sigma} \cdot \frac{\boldsymbol{p}}{p} = \frac{1}{2} \sigma_3 \quad (Z \text{ 方向に運動している場合}). \quad (2.27)$$

式 (2.26) は，ヘリシティー演算子 式 (2.27) の固有状態になっていて，図 2.4 に示すように，それぞれ $\frac{1}{2}$（右巻き），$-\frac{1}{2}$（左巻き）になっている．ここで注意しておきたいのは，スピンや角運動量のユニットは，$\hbar$ であるが，自然単位系では $\hbar = 1$ なので，スピンの大きさは $\pm \frac{1}{2}$ になっている．ヘリシティー演算子

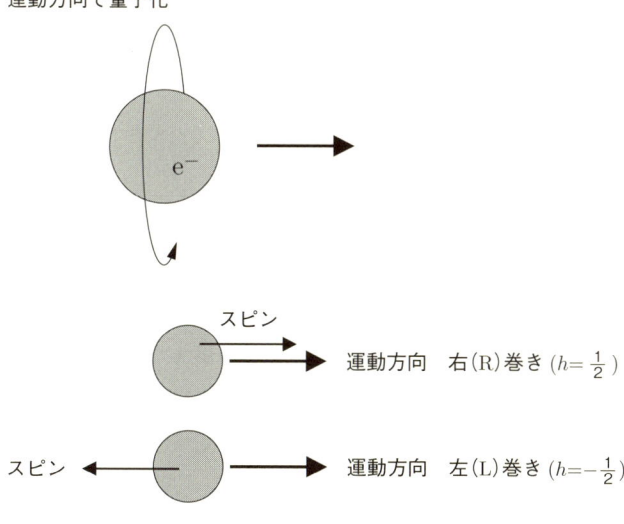

図 2.4 スピンと運動量の向き：ヘリシティー．

を 4 成分まで拡張したスピン演算子 $\boldsymbol{\Sigma}$ と，角運動量演算子 $\boldsymbol{L}$ を以下のように定義する．

$$\boldsymbol{\Sigma} = \begin{pmatrix} h & 0 \\ 0 & h \end{pmatrix}, \tag{2.28}$$

$$\boldsymbol{L} = \boldsymbol{r} \times \boldsymbol{P}. \tag{2.29}$$

$\boldsymbol{\Sigma}$ ならびに $\boldsymbol{L}$ と ハミルトニアン $H = (\boldsymbol{\alpha p} + \beta m)$ との交換関係を調べる．$[\boldsymbol{\alpha p}, \boldsymbol{r} \times \boldsymbol{p}] = i(\boldsymbol{\alpha} \times \boldsymbol{p})$ を使うと，$[H, L] = -i(\alpha \times p)$，$[H, \Sigma] = i(\alpha \times p)$ となる．$\boldsymbol{\Sigma}, \boldsymbol{L}$ それぞれは，H と交換せず，保存量になっていないが，$\boldsymbol{L} + \boldsymbol{\Sigma}$ が保存量になっていることがわかる．この意味は次節で考える．

式 (2.26) の 2 つの解はスピンに対応している．式 (2.27) の固有値になっており，スピンの交換関係も満たしている．数学的な意味でのスピンでなく，これが自然界に存在しているスピンと対応がつくことは，磁場のある場合（スピンは磁気双極子として働く）の Dirac 方程式を調べなければならず，ここでは割愛するが，ちゃんと実体のスピンに対応している．このように Dirac 方程式は，

自然にスピンを取り込むことができている．それは式 (2.13) の 2 次形式にする際に，かけ算の順序を可換にせず扱い，結果として反交換関係 (2.14) を導入したからである．負のエネルギー解をなくそうとして始まった Dirac 方程式であるが，一番の目的である負の解問題は解決できず（その意味は前節で述べた），スピンという思わぬ'オマケ'が得られた．運動方向で量子化したスピン，ヘリシティーは素粒子の質量を考えるうえで重要である．

2.4　対称性と保存量

　対称性は，物理学の基本となる概念であり，それぞれの対称性に関して，対応する保存量が存在する．対称性を考える場合，4 次元のミンコフスキー時空（我々の住んでいる時空）の対称性と，素粒子がもつ内部対称性に大別される．詳しくは，付録を参照のこと．

　まず，時空の対称性を考えてみる．我々の時空 (t, x, y, z) は，時間軸，空間軸の原点をどうとってもいい（並進対称性）と，空間の軸 (x, y, z) の取り方に依存しない（回転対称性）をもっている．この 2 つの対称性はニュートン力学でも成り立つ対称性である．これを特殊相対性まで拡張すると，空間軸の回転対称性に対応して，時間と空間軸の取り方の自由度がある．この取り方を変えることは，狭い意味でのローレンツ変換に対応する．光速に近い速度で別の慣性系に移ることであるが，時間軸と空間軸の回転に対応している（付録）．ローレンツ変換に対する対称性は，時間軸と空間軸の回転対称性に起因するもので空間の回転対称性を，時空にまで拡張したモノと考えることができる．

　例として，ニュートン方程式を考える．左辺の加速度と質量の積が，力，すなわちポテンシャルの微分になっている．

$$m \frac{d^2}{dt^2} x = F = -\frac{dV(x)}{dx}. \tag{2.30}$$

ポテンシャル $V(x)$ が時間 (t) に陽に依存しないとすると，時間を並進した $t \to t+\delta$ に対して，

$$x \to x' = x + \frac{dx}{dt} \delta \tag{2.31}$$

$$V(x) \to V(x) + \frac{dV}{dx} \cdot \frac{dx}{dt} \delta. \tag{2.32}$$

これらを式 (2.30) に代入し，運動エネルギー $K = \frac{1}{2}m(\frac{dx}{dt})^2$ を使って整理する．運動エネルギーを時間で微分すると，

$$\frac{dK}{dt} = m\frac{dx}{dt}\frac{d^2x}{dt^2} \quad (2.33)$$

となり，これから $V(x) + K(x) = V(x') + K(x')$ が得られる．ポテンシャルエネルギーと運動エネルギーの和である全エネルギーの保存則が得られる．これをもっと一般化して，解析力学の作用に対する最小作用の原理を要求すると，エネルギー運動量保存則が出てくる．保存則は，潜んでいる対称性に起因するものであり密接に結びついている．時空に関する対称性では，

- 時空の並進対称性 → エネルギー運動量保存則
- 空間の回転対称性 → 角運動量保存則

が対応している．古典力学では，角運動量 $\boldsymbol{L}$ が保存しており，これは空間が回転対称性をもっていることに対応している．しかし，量子論では 2.3 節で見たように，$\boldsymbol{L}$ は保存せず，$\boldsymbol{L} + \boldsymbol{S}$ が保存量になっていた．スピン 1/2 の粒子は，我々の知っている 3 次元の空間だけでは回転対称になっていないことを意味している．何か別の空間（普通の長さの次元をもったものではない）があって，普通の時空と別の何かを加えたものがより本質になっていることを意味する．この何か別の空間については，第 8 章で考える．

時空の対称性ばかりでなく，粒子がもつ内部対称性もある．この場合の空間や座標は，普通の時空とは全く関係がなく，各々の素粒子がもっている性質を表すための空間である．それが，次に話すゲージ対称性の源である．

2.5 ゲージ対称性：力とは

力を伝える素粒子は，ゲージ粒子と呼ばれている．"ゲージ"とは何か？本来は尺度のことである．重力の理論は，長さの尺度を変えても不変な性質をもっている．ワイルはこの性質（対称性）を，電磁場に応用しようした歴史的経緯でこの言葉が使われた．この試みは失敗したが，言葉だけが残った．

ゲージ粒子の本当の姿は"位相の帳尻合わせ"である．量子力学的存在は，粒であると同時に波である二重性をもっている．位相があることが波の特徴であ

る[5]．この位相（θ）の取り方（原点）は，相対性原理を考えると時空の各点で自由に設定してよいので，θ の座標の自由な取り方でずれた $\Delta\theta$ を補償するために"帳尻合わせ"粒子が伝わる．この帳尻合わせで粒子の位相が動き，力が働くのである．ここでは例として光子を考える．

ベクトルポテンシャル A_μ ($= (A_0, \boldsymbol{A})$) を使って，電場（$\boldsymbol{E}$）・磁場（$\boldsymbol{B}$）を表すと，

$$\boldsymbol{E} = -\boldsymbol{\nabla} A_0 - \frac{\partial}{\partial t}\boldsymbol{A} \tag{2.34}$$

$$\boldsymbol{B} = rot \boldsymbol{A} = \boldsymbol{\nabla} \times \boldsymbol{A} \tag{2.35}$$

となる．

ここで $A_\mu \to A_\mu - \partial_\mu \theta$ という変換をしても，電場や磁場は変わらない．この ∂_μ は，式 (2.10) で定義したものである．この不変性がゲージ自由度と呼ばれているもので，任意の関数 θ の微分を加えても何にも変わらない性質である．電磁気の講義では，A_μ(A_0 や $\boldsymbol{A}$) は補助場と習い，実体のないものと習ったことだと思う．さらに，任意の関数 θ は，物理的に意味のあるものだとは教わらない．しかし，A_μ が素粒子に働きかける実体（光子）であり，θ は，素粒子のもっている位相である．位相の自由度は，素粒子がもっている内部空間の中の回転対称性に起因する．

素粒子のもつ内部空間の回転 $U(y) = \exp(-ie\alpha)$ を考える．e は電荷であり，まず α を宇宙全体で定数（大局的対称性）だと考える．これは，位相を宇宙全体で $e\alpha$ 回転させることに対応している．U に対しての不変性から電荷の保存（e を考えないと粒子数の保存）が出てくる．これは，外部対称性のときと同じで，対称性と保存量が対応していることを意味する．違いは，この対称性が，我々の知っている 4 次元時空のモノなのか，素粒子がもつ固有の内部のモノなのかである．この内部の回転を，宇宙全体で統一するのは相対性理論の精神に背く．α の取り方（内部座標の基底の取り方）が宇宙全体で 1 つしかないのは，絶対座標の存在を意味するものであり，変である．そこで定数 α を時空の関数である θ に拡張して考える．これが局所対称性である．

$U(\theta) = \exp(-ie\theta)$ として，$U(\theta)\Psi(x)$ の回転をうける $\Psi(x)$ は，KG 方程式や

---

[5] 波動関数や場 ϕ は複素数になっている．複素平面で ϕ を表したとき，複素平面の座標軸の取り方に対応している．

Dirac 方程式の解である．Dirac 方程式の 4 つ成分をもつ構造（スピノール）は，後で示すように分けて考え $\Psi(x)$ は時間変化する部分だけである．

粒子の流れ（運動量の 4 元ベクトル）j_μ は，式 (2.7) より，

$$j_\mu = \partial_\mu \Psi(x) = \exp(-ie\theta)[\partial_\mu - ie\partial_\mu \theta]\Psi(x) \qquad (2.36)$$

となり，θ が時空の関数であるため，$ie\partial_\mu\theta$ のおつりが出てくる．

$$\partial_\mu \to D_\mu = \partial_\mu - ieA_\mu \qquad (2.37)$$

と新しい微分（共変微分 D_μ）を考え，補正につけた A_μ が，

$$A_\mu \to A_\mu - \partial_\mu \theta \qquad (2.38)$$

に従うとし，D_μ で流れ j_μ を考えると

$$D_\mu \Psi = \exp(-ie\theta) D_\mu \Psi \qquad (2.39)$$

となり $D_\mu \Psi$ の多項式は不変になる．

　何か変な数式遊びをしているようであるが，数式の意味を考えてみる．量子化の手続きで，運動量が空間微分に対応していたように，$\partial_\mu \Psi(x)$ は，粒子 Ψ の運動量に対応している．空間の各点（局所）で Ψ のもつ位相 θ を自由に変化させると，当然，おつりとして式 (2.36) の $e\partial_\mu\theta$ が出てしまい，無茶苦茶なことが起こってしまう．そこでこの変なおつりを消す役割を果たす場，A_μ を導入し，式 (2.38) が示すようにおつりを消す（吸収する）効果をいれる．この場 A_μ を吸収・放出する効果をいれた運動量が式 (2.37) の示した D_μ である．この D_μ で考えると，局所的に位相の定義を変えてもいいことになるのである．しかし，式 (2.37) の示すように $p_\mu \to p'_\mu + A_\mu$ と運動量 p_μ の粒子から A_μ が放出されている．A_μ は，式 (2.38) が示すように，粒子 Ψ の位相を運んでいるのである．θ の座標の取り方を局所的に自由にするなんて，こんな無茶苦茶なことをしてよいのか？ 初めて学んだときの驚きは今でも忘れない．相対論の精神を尊重すると，こうならざるを得ず，そこで帳尻を合わせる場（ベクトル場 A_μ）が登場してくるのである．

　図 2.5 が A_μ が実体であることの実証写真である．図右側の写真を見ると，電

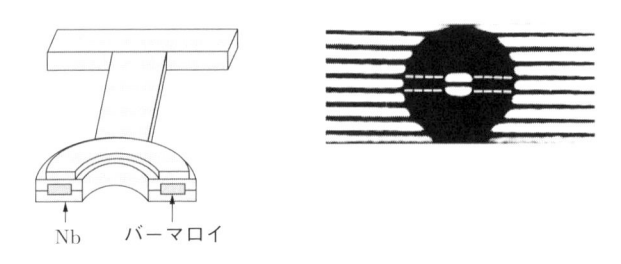

図 2.5 アハラノフ・ボーム効果の実験的検証:日立の外村先生.
http://www.ieice.org/jpn/books/kaishikiji/200012/20001201-4.html.

子（これも波）を紙面上から下に発射する．黒い輪の部分は磁石（パーマロイ）で外側にニオブの超伝導材が塗ってあり，磁場は輪の外側には漏れない（図左）．この回転磁場を作っているのが，ベクトルポテンシャル A_μ であり，輪の中央上から下に突き抜けている（磁力線は，時計方向に輪の中を走っている）．電子に作用するのは，磁場ではなく（超伝導でシールドしてあるのでマイスナー効果で磁場は輪の中のみで外には漏れていない），ベクトル場 A_μ が作用している（アハラノフ・ボーム効果）．図 2.5 は，A_μ が位相を進めていることを示している．実際中央部の干渉縞が外部の反対になっているのは，A_μ が中央部の電子の位相を進めているからである．位相差がちょうど $\pi(180°)$ になっているのは，超伝導による磁束の量子化によるものである．

もう少し詳しく見てみる．電子の波動関数 $\Psi(x)$ を考える．時間に依存しない Dirac 方程式の解は $\Psi(0)$ に含まれているとする．

$$\Psi(x) = \exp(-i(\omega t - \vec{k}\vec{x}))\Psi(0) = \exp(-i(\frac{p_\mu x^\mu}{\hbar}))\Psi(0). \tag{2.40}$$

ここで $(\omega, \vec{k}) = \frac{1}{\hbar}(E, \boldsymbol{P})$ を用いた．自然単位系では $\hbar = 1$ である．式 (2.37) の共変微分で置き換えてみると，運動量 p_μ は，$p_\mu - eA_\mu$ と置き換わる．A_μ の場（磁場を作っているベクトル場）を吸収し，上の式より，$\frac{e}{\hbar}A_\mu$ の位相のずれを受けることになる．この A_μ が図 2.6 に示すように，位相を進めることで，結果として粒子が曲がることがわかる．運動量 p_μ の電子は平面波として進行している．磁場が紙面下から上にあるとすると，ベクトルポテンシャルは反時計回りの渦になっている．ここで，ベクトルポテンシャルと磁場の向きを少し説明する．$\boldsymbol{B} = \nabla \times \boldsymbol{A}$ を用いると，右ネジのようになる．$\boldsymbol{A}$ の回転をさせるとネジの進行方向に磁場 $\boldsymbol{B}$ ができる．

2.5 ゲージ対称性：力とは　　27

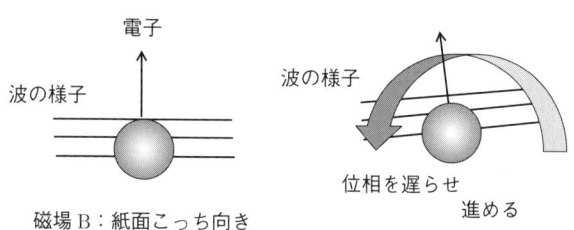

図 2.6 ベクトルポテンシャルと位相.

　左側の位相を遅らせ，右側の位相を進ませる．位相面に垂直方向が進行方向なので左に粒子は曲がっていく．ここでフレミングの左手の法則を考える．電子なので電荷がマイナスなので電流としての進行方向は下向きであり，ここに磁場が紙面下から上に働いている．このとき，力の向きが左向きである．図 2.5 が示すように，磁場 B が働いているのではなく，位相に作用するベクトル場 A が働いているのである．位相に働きかけて，力を伝えているのである．

　この A_μ が光子を表している．光子と電子の相互作用という観点から見ると，$p_\mu \to p_\mu - eA_\mu$ は，共変微分と呼ばれ，光子と電子の相互作用の形を決定づけている．これが「ゲージ原理」であり，自然に力が説明でき，フェルミ粒子とゲージ粒子の関係（相互作用）も一意に決まってしまう．素粒子物理学の基本原理となっている．ゲージ原理はあまりに多くのことを教えてくれる．

- 素粒子に働く力は，位相に働きかけている．
- フェルミ粒子と力を伝える素粒子の反応の仕方は，4 次元運動量 p_μ に対して $p_\mu - eA_\mu$ のベクトル型の反応であり，その強さは電荷の大きさに比例する．
- このベクトル場 A_μ は位相を運んでいるので $A_\mu \to A_\mu - \partial_\mu \theta$ に対して不変でないといけない．これがゲージ粒子の質量を考えるうえで重要である．

第3章 ヒッグス粒子とは

3.1 なぜ質量があると困るのか？

2.1 節で述べたように，これまで見つかっていた素粒子は 2 つのグループに大別される．物質を形作るフェルミ粒子と力を伝えるゲージ粒子である．どちらのグループの素粒子も，質量があると大きな問題が起きる．ここで言っている素粒子の質量とは，正確には慣性質量である．重さ・重力の強さに関係する重力質量と慣性質量は実験で高い精度（12 桁ぐらい）で一致している．この実験事実は「弱い等価原理」と呼ばれている．この一致は，マクロなサイズの物質でのことであり，本当にミクロな素粒子のレベルで重力がどうなっているかは，まだわかっていない．

まずゲージ粒子の質量があると困る点を見る．すでに 2.5 節で述べたように力を伝える素粒子は，位相の帳尻を合わせる役割があり，無限遠 (∞) まで伝達しないといけない．質量 (m) がある粒子（整数スピン）は式 (2.8) が示したクライン・ゴルドン方程式に従う．時間依存がないとして（非相対論的な極限で），式 (2.8) は，ポアッソン方程式になる．

$$(\nabla^2 - m^2)\phi = 0. \tag{3.1}$$

この解が $\phi \sim \frac{\exp(-rm)}{r}$ となるので，実質 $R (= \frac{1}{m})$ しか届かない．遠方の位相調整ができなくなってしまう．正確には，式 (2.38) の示すゲージ変換 $A_\mu \to A_\mu - \partial_\mu \theta$ に対する不変性がゲージ場 A_μ に必要である．質量がある場合，ゲージ不変性が破れてしまうのである．質量 (m) があるゲージ場 A_μ は，ラグランジアン中に以下の質量項が表れる．

$$\frac{1}{2}m^2 A_\mu A^\mu. \tag{3.2}$$

この質量項は，ゲージ不変性をもっていない．$A_\mu \to A_\mu - \partial_\mu \theta$ 変換に対して不変でないからである．逆の言い方をすると，力を伝える働きをするゲージ場は，このような質量をもってはいけないのである．

ここで，少しラグランジアンと質量項の形の説明を加える．例として，スピンをもたないスカラー場 ϕ を考えると，ラグランジアン L は，ϕ とその微分 $\partial_\mu \phi$（運動量に対応する）によって構成される．相対論的不変性が保たれた形（ϕ^2 や $\partial_\mu \phi \partial^\mu \phi$）になっており，それぞれ質量項と運動エネルギー項に対応している．ラグランジアン自体はかなり自由度があるが，大事な点は，ラグランジアンを積分した作用 S に対する最小作用の原理から，場の運動方程式が導き出せる点である．

$$S = \int L d^4 x. \tag{3.3}$$

ここで，場 ϕ を微小変化させる．

$$\phi(x) \to \phi'(x) = \phi(x) + \delta\phi(x). \tag{3.4}$$

作用 S の変化分 δS は，

$$\delta S = \int \delta L d^4 x = \int d^4 x [\frac{\partial L}{\partial \phi}\delta\phi + \frac{\partial L}{\partial(\partial_\mu \phi)}\delta(\partial_\mu \phi)] \tag{3.5}$$

$$= \int d^4 x (\frac{\partial L}{\partial \phi} - \partial_\mu [\frac{\partial L}{\partial(\partial_\mu \phi)}])\delta\phi) \tag{3.6}$$

$$+ [\frac{\partial L}{\partial(\partial_\mu \phi)}\delta\phi]_{x=\infty} \tag{3.7}$$

となる．1 行目から 2，3 行目への変形は，部分積分が用いられている．3 行目はわき出しになっていて，遠方でわき出しがないとしてゼロとなる．最小作用の原理 $\delta S = 0$ より，2 行目の被積分関数が常にゼロでなければならないことがわかる．

$$\frac{\partial L}{\partial \phi} = \partial_\mu [\frac{\partial L}{\partial(\partial_\mu \phi)}]. \tag{3.8}$$

この式はオイラー方程式と呼ばれ，これから運動方程式が導き出される．スカラー場のラグランジアンは，運動量の 2 乗に関する運動エネルギー項と質量項（式 (3.2)）からなっている．

$$L = \frac{1}{2}\partial_\mu \phi \partial^\mu \phi - \frac{1}{2}m^2 \phi^2 \tag{3.9}$$

3.1 なぜ質量があると困るのか？

この L を式 (3.8) に代入すると，スカラー場の方程式 クライン・ゴルドン方程式（式 (2.8)）が出てくる．スカラー場ばかりでなく，後で述べるがゲージ場やフェルミオン場のラグランジアンを求めると，基礎方程式が出てくる．このようにラグランジアンを決めることが素粒子研究の大きな目的の 1 つと言ってよい．ラグランジアンがどんな対称性をもつべきか，どんな形で反応すべきか（ゲージ原理のところで触れたように，電子とゲージ場の反応の仕方など）を考慮して，ラグランジアンが決定される．

ゲージ粒子（スピン 1）の 4 元運動量ベクトルは，$E^2 - P^2 = m^2$ の条件があるので自由度 3 である．そのうえで，ゲージ自由度（式 (2.38)）まであると，自由度 2 になっている．このことはゲージ粒子が横波（進行方向に垂直な振動成分）だけであることに対応している．この横波が，電場とそれに直交する磁場になっている．進行方向の波（縦波成分の振動）が含まれていない．電磁気学で学んだことを思い出すとわかりやすいと思う．このように力を伝えるゲージ粒子は，質量がゼロである必要がある．実際，光，グルーオンは，質量がゼロであるが，Z^0 粒子 (91 GeV) や $W^\pm$ 粒子 (80 GeV) は大きな質量があり，ゲージ対称性が破れている．弱い力を伝える $W^\pm, Z^0$ 粒子だけが質量がある．

次にクォークやレプトンについて考える．式 (2.27) で見たようにフェルミ粒子を運動方向で量子化した場合，運動方向と同じ向き（右巻き R と呼ぶ）と逆向き（左巻き L）がある（図 3.1 上）．量子力学では，スピンの二価性として習う．しかし，弱い力に対する性質がこの 2 つは全く違う．左巻き粒子は，弱い力の電荷をもっているが，右巻きはもっていない．この違いがパリティーの破れの原因である．右巻きと左巻きは鏡に映した関係（パリティー対称）になっている．物理学の間で長い間，パリティー対称性はあると思われていたが，1956 年にリーとヤンが提唱し，翌年ウーによって発見したように，弱い力では，パリティーは破れている．弱い力は，左巻きの粒子，右巻きの反粒子にしか作用しない．このように，左巻きと右巻きでは弱い力の電荷が違う．右巻きと左巻きは，実は「赤の他人」なのである．このことは，'カイラル対称性' と言われている．

この鏡に映した関係とローレンツ変換したときの関係を示したのが，図 3.1 の下側である．左側が上側と同じ左巻き（L）の粒子である．この粒子に質量があると，光速よりかならず遅くなるため，光の速度で追い越すことができる．速度に対して光速のローレンツ変換を施すことを意味する．すると，右側に示すよ

第3章 ヒッグス粒子とは

鏡で映した関係：パリティー

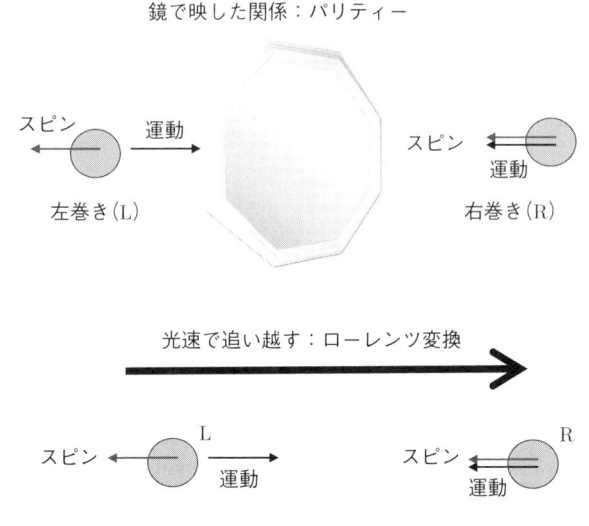

スピン ← ● → 運動   スピン → ● ← 運動
　　左巻き(L)　　　　　　　　　　　右巻き(R)

光速で追い越す：ローレンツ変換 →

スピン ← ● L → 運動   スピン → ● R ← 運動

図 3.1　パリティーの破れと質量.

うに，運動の方向は追い越したので反対方向になる．一方スピンの向きはローレンツ変換しても変わらないため，右側の粒子右巻き (R) になってしまう．質量があると，光速でローレンツ変換すると，鏡で映したように，左巻きと右巻きが入れ替わってしまうのである．質量が無い場合は，光速で運動しているので，光速でも追い越すことができず，このような変な入れ替わりは起きない．

式でみると，左巻き，右巻きの波動関数をそれぞれを f_L, f_R とすると，フェルミ粒子の Dirac 型質量項は

$$m f_L f_R \tag{3.10}$$

となり，左巻きと右巻きの粒子の混合パラメーターのような形である[1]．もともとのフェルミ粒子には質量がなく，左巻き，右巻きは別の素粒子だったことがわかる．弱い電荷の有無を見ても別の粒子なのである．これが何かの理由で混合し，この混合パラメーターが質量である．運動の慣性に関係している質量が，素粒子的に見ると混合パラメーターになっている．質量は実に不思議な物理量である．それにしても，違う性質をもった素粒子がなぜ混合するのだろう

---

[1] 正確には，Dirac 方程式の解で 4 成分あるスピノール同士の積であるので，$m \bar{f}_L f_R \equiv m f_L^\dagger \gamma_0 f_R$ である．γ_0 は，式 (2.18) に示している．こうすることで，ローレンツ変換に対して不変なスカラー量になる．$\bar{f}_L = f_L^\dagger \gamma_0$ のことを共役と呼んでいる．

か？混合すると，弱い力の電荷が保存しないことになる．

3.2 BEH（ブロウト・アングレール・ヒッグス）機構

このように，フェルミ粒子もゲージ粒子も質量ゼロの対称性，カイラル対称性とゲージ対称性がある．しかし，すべてのフェルミ粒子と，ゲージ粒子である $W^{\pm}$, Z^0 粒子は質量をもっている．

どっちの質量も弱い力が関係していた．そこで我々の住んでいる世界が，弱い力の電荷が詰まった状態であると考える．もっと正確に言うと，弱い力の電荷をもったスカラー場 ϕ（通称「ヒッグス場」）に宇宙全体が満たされているとするのが，根幹のアイディアである．図 3.2 に自発的に対称性を破るポテンシャルの例を示している．ワインの瓶の底のような形であるが，図の上方向（z 軸方向）がポテンシャルの高い状態を表している．中心の少し高い盛り上がった部分は，中心であって対称性が高い状態にあるが，ポテンシャルエネルギーも高い．このような状態になっているとき，何もしなくても，自発的に対称性が破れ，ある偏った状態（図中の球体）に落ち着くことを初めて言ったのが，南部先生（2008 年ノーベル物理学賞「自発的対称性の破れ」）である．ワインの瓶の底でパチンコ玉を転がすのをイメージするとわかりやすい．何だこんな簡単なこと！と思うかもしれないが，南部先生のすごかったことは，この話を宇宙全体に拡張したことである．図の球体は，パチンコ玉ではなく，この宇宙なのである．宇宙は，中心からずれた状態，すなわち，空っぽではなくヒッグス場が満ちた状態になっているのである．

場が自発的に対称性を破ったら，南部ゴールドストーンボソン粒子が出てくる．図 3.2 のポテンシャルで，ポテンシャルエネルギーが等しい円がある．自然は，この円のどこかに落ち着いているのである（ちょっと脇道だが落ち着く先で宇宙の状態が大きく変わる）．等ポテンシャル円の方向（接線方向）は，ポテンシャルが等しいので，エネルギーを与えなくても状態が変わる．図の球で言うと，矢印の方向には自由に運動できる．この運動に対応するのが南部ゴールドボソン粒子である．運動が粒子に？と不思議に思えるかもしれない．

この自発的対称性の破れと南部ゴールドストーンボソンの例を，磁石で考えてみる．鉄の電子のスピンで磁気モーメントが生じている．このスピンの向き

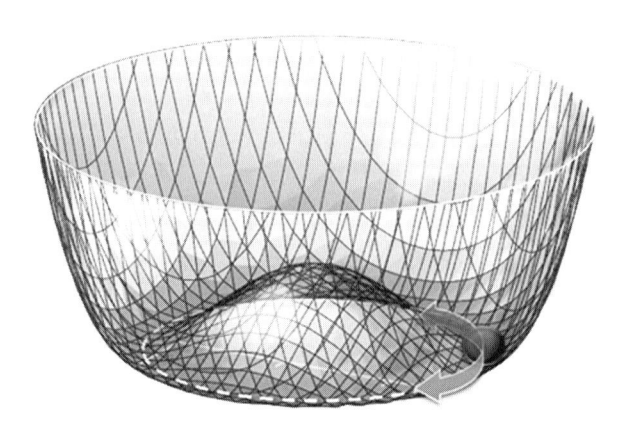

図 3.2 ヒッグスポテンシャル：矢印は等ポテンシャル方向の運動を表している．

はエネルギーがある程度以上高い場合は，自由にいろいろな方向を向いている．これが図 3.2 のポテンシャルの中央である．温度を下げていくと，磁気モーメントが揃った方がエネルギーが低くなるので（これが強磁性体の特徴），次第に多くの鉄の原子でスピンが自発的に揃い，磁性体になる．これは，特定の方向があるので図 3.2 の中心からずれた状態であり，エネルギーも低い状態である．これが自発的に対称性が破れる例である．図 3.2 の x, y 軸は空間の方向（本当は 3 次元だが）に対応している．この磁石の中で，揃ったスピンの向きが少し揺れたらどうなるか？それが図での矢印方向の運動である．揺れた場所は，スピンの向きが少し周りと違うため磁場が弱くなっているように見える．マグノンと呼ばれる準粒子（本当の粒子ではないがあたかも粒子のように見えるものを言う）がいるように見えるのである．一方，等ポテンシャルの方向はエネルギーが変わらないので，この揺れはどんどん隣のスピンに伝わっていく．これはマグノンが質量ゼロで運動していることに対応する．このマグノンが質量ゼロの南部ゴールドストーンボソン粒子なのである．

この例では，図 3.2 の x, y 軸は空間の方向に対応していたが，ヒッグス場の状態だと考える．真ん中の対称性の高い状態にいた宇宙が，自発的に対称性を破って，ヒッグス場が特定の状態に詰まった偏った状態になっているのである．そこに弱い力を伝えるゲージ粒子（Z^0 や $W^\pm$ 粒子）がヒッグス場の中を通ると，弱い力を介して，ヒッグス場に影響を与える（場の擾乱が起こる）．これは

3.2 BEH（ブロウト・アングレール・ヒッグス）機構

図の矢印方向の振動する現象であり，これが南部ゴールドストーンボソンである．しかし，大事なことは，この南部ゴールドボソンが観測されない点であり，これがアンダーソン，ヒッグス，ブロウト，アングレールの出発点である．

結論を先に話すと，南部ゴールドストーンボソンは，弱い力を伝えるゲージボソンの縦波成分となって吸収され観測されない．そして縦波成分が生まれたので，ゲージボソンは質量をもつのである．実に巧い機構が働いている．現実の世界で起こっている弱い力とヒッグス場でやると，弱い力の二重項の構造にため複雑になる．簡単のために，超伝導物質中の光を例に考えてみる．これでも，うなるような感動が味わえる．

複素スカラー場 ϕ を考える．超伝導では格子の効果で電子 2 つが緩やかに束縛したクーパー対がスカラー場になっている．例えば電子が通ると，電場の効果で格子状に並んでいる原子は，引きつけられて少し位置がずれ格子が歪む．歪んだ結果，プラスの電場が強い状態になるので，別の電子も同じ経路を通りやすくなる現象である．こうして 1 つ目の電子と 2 つ目の電子が緩やかに束縛され，クーパー対と呼ばれる状態ができる．スピン逆向きの対になった状態が，スカラー（スピンゼロ）の電荷 $-2e$ の場である．これを複素スカラー場 ϕ で表している．この複素場を位相部 (ϕ_2) と半径方向 (ϕ_1) に分けて

$$\phi = \frac{1}{\sqrt{2}} \exp(i\frac{\phi_2}{v})\phi_1 \tag{3.11}$$

と表す．ここで ϕ_1，ϕ_2 は実スカラー場に対応する．ϕ_2 の次元がエネルギーの次元なので，式中では，適当なエネルギーの次元の定数で規格化している．これが半径方向に，対称性が破れて v の期待値（$\langle\phi_1\rangle = v$）をもつとする．この $\langle\rangle$ は，真空状態を表すブラとケット $\langle 0|$ と $|0\rangle$ で ϕ_1 の期待値をとったもので，真空の期待値と呼んでいる．真空だから何もなく，普通は期待値がゼロになる．これがゼロからずれているところが，自発的に対称性が破れた真空なのである．この場合だと ϕ_1 なる場が詰まった状態になっている．

$$\phi = \frac{1}{\sqrt{2}} \exp(i\frac{\phi_2}{v})(\phi_1 + v) \tag{3.12}$$

と書き直す．こうすると，書き直した ϕ_1 の期待値は，ゼロになる．

電磁場とこのスカラー場のラグランジアンは

$$L = -\frac{1}{4}F_{\mu\nu}F^{\mu\nu} + (\partial_\mu\phi)^\dagger(\partial^\mu\phi) - V(\phi) \tag{3.13}$$

で与えられる．第2項は，式 (3.9) の運動エネルギーに対応しており，第3項はポテンシャルエネルギーである．第1項が，電磁場の運動エネルギーであるが，ここで少し説明をする．A_μ は光のゲージ場（式 (2.35)）を表し，反対称テンソル $F_{\mu\nu}$ を，

$$F_{\mu\nu} = \partial_\mu A_\nu - \partial_\nu A_\mu \tag{3.14}$$

と定義する．この式から自明であるが，$A_\mu \to A_\mu - \partial_\mu \theta$ なるゲージ変換をしても F が変わらないようになっている．F の中身は，

$$F_{\mu\nu} = \begin{pmatrix} 0 & E_x & E_y & E_z \\ -E_x & 0 & B_z & -B_y \\ -E_y & -B_z & 0 & B_x \\ -E_z & B_y & -B_x & 0 \end{pmatrix} \tag{3.15}$$

である．ここで電場 $\boldsymbol{E} = (E_x, E_y, E_z)$，磁場 $\boldsymbol{B} = (B_x, B_y, B_z)$ である（練習として，式 (2.35) と式 (3.14) を用いて計算してみてください）．この電磁場テンソルを用いて，電磁場のラグランジアンは

$$L = -\frac{1}{4} F_{\mu\nu} F^{\mu\nu} \tag{3.16}$$

で与えられる．これをオイラー方程式 (3.8) に代入すると，電荷 (ρ) や電流 ($\boldsymbol{j}$) がないときのマックスウェル方程式が得られる[2]．

話を元に戻す．ゲージ原理から，ラグランジアン（式 (3.13)）の微分を 共変微分 D_μ に置き換える．電子を考えているので，電荷は $(-e)$ である．

$$D_\mu = \partial_\mu - i(-e) A_\mu \tag{3.19}$$

さらにポテンシャルが図 3.2 になるように

---

[2] 少し難しくなるが，例題として，電荷 (ρ) や電流 ($\boldsymbol{j}$) がある場合 ($j^\mu = (\rho, \boldsymbol{j})$) を考えてみる．このときラグランジアンは，

$$L = -\frac{1}{4} F_{\mu\nu} F^{\mu\nu} - j^\mu A_\mu = \frac{1}{2}(\boldsymbol{E}^2 - \boldsymbol{B}^2) - (\rho A_0 - \boldsymbol{j} \cdot \boldsymbol{A}) \tag{3.17}$$

となる．電磁場のエネルギーが $\frac{1}{2}(\boldsymbol{E}^2 - \boldsymbol{B}^2)$ になっている．これをオイラー方程式（式 (3.8)）に代入すると，

$$\partial_\mu F^{\mu\nu} = j^\nu \tag{3.18}$$

が得られる．これに式 (2.35) を使うとマックスウェル方程式が得られる．

3.2 BEH（ブロウト・アングレール・ヒッグス）機構

$$V(\phi) = \lambda(|\phi|^2 + \frac{\mu^2}{2\lambda})^2 \tag{3.20}$$

とする．ここで $v^2 \equiv \frac{-\mu^2}{2\lambda}$ であり，$\mu^2 < 0$ として自発的に対称性を破る．$\lambda > 0$ でないと，ポテンシャルがどれだけでも大きな負になることができるので，正に限っている．ワインの底の形にするには $\mu^2 < 0$ が必要であり，$|\phi|^2 = v^2 = \frac{-\mu^2}{2\lambda}$ で底の部分になる．式 (3.12) の形を $(D_\mu\phi)^\dagger (D^\mu\phi)$ に代入すると，$-\frac{i}{v}\partial_\mu\phi_2$ のおつりがでるため，A_μ の代わりに

$$B_\mu = A_\mu + \frac{1}{ev}\partial_\mu\phi_2 \tag{3.21}$$

が，新しいゲージ場になる．ϕ_2 は図 3.2 の等ポテンシャル方向に対応している．2 成分の横波のゲージ場 A_μ に，新しい自由度 $\partial_\mu\phi_2$ が加わり，質量 $ev/2$ をもった場 B_μ になっている．こうして超伝導状態の中では，光子は質量をもち，3.1 節で述べたように，遠方まで伝わることができない．一般的な超伝導の場合，$m = ev/2 \sim 1\,\mathrm{eV}$ で，$R \sim 1/m \sim 1000\,\mathrm{Å}$ 程度であり，磁場がこの程度の深さしか侵入できない．これがマイスナー効果である．

この B_μ を用いて式 (3.13) を書き直すと

$$\begin{aligned}L = &-\frac{1}{4}F_{\mu\nu}F^{\mu\nu} + (\frac{ev}{2})^2 B_\mu B^\mu \\ &+ \frac{1}{2}[\partial_\mu\phi_1\partial^\mu\phi_1 - (-2\mu^2)(\phi_1)^2] + \cdots\end{aligned} \tag{3.22}$$

となる．第 1 項と 2 項は，新しい光子の場 B_μ に関する部分で，第 3 項と 4 項は，実スカラー場 ϕ_1 に関する部分である．質量がゼロの ϕ_2 は，L の中には登場せず，新しい光子場 B_μ に吸収されてしまっていて，南部ゴールドボソンが現れない．一方 B_μ は，$\frac{ev}{2}$ の質量項が付加されている．質量をもったゲージ場になっている．この起源は先にも述べた　新しい縦波成分 $\frac{1}{ev}\partial_\mu\phi_2$ による．実スカラー場 ϕ_1 は，質量 $\sqrt{-2\mu^2}$ をもった場であり，ヒッグス粒子のように振る舞う．超伝導中のヒッグス粒子のような状態も最近実験で観測された．

弱い力をもつスカラー場 ϕ は，クォークやレプトンと同じ 2 重項になっているので，複素スカラー場が 2 つあることになり，4 つの実スカラー場がある．1 つは ϕ_1 のようにヒッグス粒子なり，残り 3 つは，ϕ_2 のように $W^\pm$，Z^0 粒子の縦波として吸収されてしまい，これらのゲージ粒子の質量となっている．弱

い力を伝えるゲージ粒子は質量をもち，ゲージ対称性を破っているように見えるのはこの真空の効果により見えなくなっただけで，「隠れた対称性」と呼ばれている．これが BEH 機構であり，2013 年ノーベル物理学賞の受賞理由である．1964 年に，ブロウトとアングレール，独立にヒッグスがこのアイディアに結びついた．これらの論文のポイントは，南部ゴールドボソンが現れない点であり，遅れてゲージ粒子の質量やヒッグス粒子の予言にたどりついた．このヒッグス場のときは図 3.2 の $\langle \phi \rangle = v = 246\,\mathrm{GeV}$ と超伝導のときよりも 10 桁ぐらい大きいが，機構そのものは全く同じである．

3.3　フェルミ粒子の質量

　BEH 機構は，ゲージ粒子の質量しか説明していない．フェルミ粒子の質量を同じヒッグス場で説明したのは，ワインバーグ（1979 年ノーベル物理学賞：前出の中性流の予言）が，標準理論の中で定式化した．実は，これは BEH 機構とは全く別の機構であり，BEH 機構のように自然に出てくるのでなく，ヒッグス場 (ϕ) と左巻きフェルミ粒子と右巻き粒子が結合すると仮定する．

$$\frac{1}{\sqrt{2}} y \phi \bar{f}_L f_R. \tag{3.23}$$

この反応の形は湯川先生の予言した核力モデルと同じ形なので湯川結合と呼ばれている．簡単そうに見えるが，弱い力は 2 重項なので，ϕ と f_L の 2 重項同士で縮約をとっている．フェルミ粒子の状態はディラック方程式の解であり，4 つの足をもつスピノールである．共役 $\bar{f}_L$ の意味は式 (3.10) の脚注で述べている．このスピノールの足は，$\bar{f}_L$ と f_R で縮約をとって，結果はローレンツ不変になる．こうして，弱い力にも，ローレンツ変換にも対称なものになっている．

　ここで自発的に対称性が破れて，ϕ が真空期待値 ($\langle \phi \rangle = v$) をもったとする．ϕ' を真空の周りでの場として，$\phi = \phi' + v$ を式 (3.23) に代入すると，

$$\frac{1}{\sqrt{2}} y \phi \bar{f}_L f_R = \frac{1}{\sqrt{2}} y \cdot v \bar{f}_L f_R + \frac{1}{\sqrt{2}} y \phi' \bar{f}_L f_R \tag{3.24}$$

が得られる．この第 1 項が，フェルミ粒子の質量項になり，$m_f = \frac{1}{\sqrt{2}} y \cdot v$ となる．第 2 項がヒッグス粒子とフェルミ粒子の結合の仕方を表している．結合の

3.3 フェルミ粒子の質量

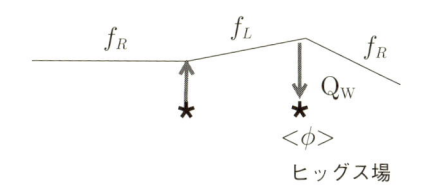

図 3.3 弱い力の電荷を真空とやりとり：右巻きと左巻きが変化している．

表 3.1 湯川結合の大きさ．

	荷電レプトン	Up 型クォーク	Down 型クォーク
第 1 世代	$e \quad 3 \times 10^{-6}$	$u \quad 2 \times 10^{-5}$	$d \quad 5 \times 10^{-5}$
第 2 世代	$\mu \quad 5 \times 10^{-4}$	$c \quad 6 \times 10^{-3}$	$s \quad 1 \times 10^{-4}$
第 3 世代	$\tau \quad 1 \times 10^{-2}$	$t \quad 1$	$b \quad 1.7 \times 10^{-2}$

強さが y に比例している．質量も y に比例している．図3.3に示すように，この反応で，右巻き粒子が真空から弱い力の電荷をもらって左巻きになり，また左巻きだった粒子が真空に弱い力の電荷を戻して右巻きになったりする．この反応で直進できなくなり，結果として光速より遅く質量が生じているように見える．これにより右巻きと左巻きが混合し，その混合パラメーターが質量となる．

反応の強さ y（湯川結合定数）が起こる頻度に比例する．頻度が多いほどやりとりが多くなり質量が大きくなる．また，弱い力の電荷を真空とやりとりしているので，フェルミ粒子だけを見ると保存していないように見えるが，真空まで含めると弱い力の電荷は保存している．その意味でも弱い力は保存量であり，隠された対称性と呼ばれる由縁である．

したがって，一挙に2つの質量の矛盾（ゲージ対称，カイラル対称性）を解決できる．ただし，このフェルミ粒子の場合は，湯川型結合を仮定し，その強さ（これが質量に比例する）がなぜこんな値になっているのかは，目をつぶっている．湯川結合の大きさを表3.1にまとめる．

世代ごとに約2桁ずつ湯川結合の大きさが異なり，電子とトップクォークでは6桁も違う．なぜこんなに違うのか？なぜ世代があるのか？標準理論ではわかっておらず，定数としてそのまま天下り的に使っている．

さらに，湯川結合自体は実数である必要はない．複素数として影響が現れた

のが小林・益川先生の考えた CP の破れの起源である．弱い力は実に変な力で，弱い力の固有状態だけ，質量で対角化した場合の固有状態からずれている．このずれ（混合）を表したのが，キャビボ・小林・益川行列である．ニュートリノに対しては，牧・中川行列と呼ばれている．3世代以上あると，この混合行列の複素数が，基底の取り直しで消すことのできない位相として残るのが CP の破れの起源である．

世代間の大きさの違い（6桁も違う）も含めて，どういう機構で湯川結合やその結合が決まっているのかは不明である．ヒッグス粒子を通して湯川結合の起源を調べることが，標準理論を超えた新しい研究の鍵になる．

表3.1にニュートリノが含まれていない，質量差の2乗が測定されているだけで，ニュートリノの質量はまだ不明であるが，meV($=10^{-3}$eV) 程度以下だと思われている．もし，ニュートリノの質量も同じ機構だとすると，湯川結合は 10^{-12} のオーダーになる．さすがに小さすぎて変であり，ニュートリノはマヨラナ粒子で別の機構（シーソー機構）で質量を得ていると考える研究者が多い．

3.4　ヒッグス場

3.2, 3.3節をまとめた図が図3.4である．模式的に第三極としてヒッグス場を表しているが，その実態は，フェルミ粒子，ゲージ粒子を包んでいる宇宙全体に広がっている場である．ここで注意したいのは，主人公はヒッグス粒子なのでなく，ヒッグス場である．真空が弱い力の電荷をもった場で満ちていて，その中を伝わる素粒子が質量をもつようになるのである．

ゲージ粒子とフェルミ粒子との関係はゲージ原理で表される．ゲージ粒子とヒッグス場をつなぐものは，自発的に対称性が破れ，南部ゴールドストーンボソンである．フェルミ粒子とヒッグス場をつなぐものは，湯川結合である．別の機構で質量を獲得している．

真空が，そんな特殊な状況に自然になるのだろうか？それこそが，南部先生が唱えた「自発的対称性の破れ」である．南部先生の発想の道筋に沿って，超伝導で考える．先に述べたが，超伝導体の中という"特殊な環境"の中では格子効果で，電子同士が緩やかな束縛状態になりクーパーペアー（マイナス2の電荷）ができる．これがボーズ統計に従い，極低温で基底状態に縮退する．こ

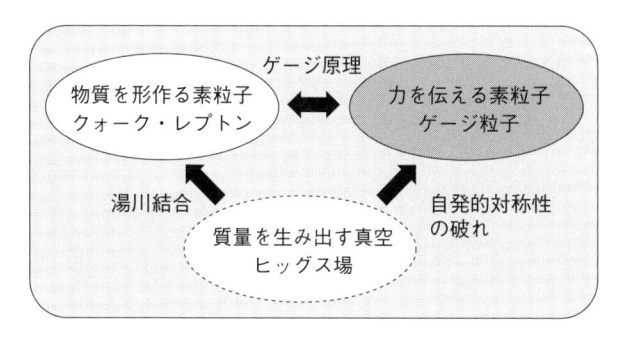

図 3.4　ヒッグス場とクォーク，ゲージ粒子の関係．図 2.1 にそれぞれの素粒子の詳細を示している．

ういうことが自然におきる．このマイナス電荷の基底状態では，3.2 節で見たように，ゲージ粒子である光子が質量をもって伝搬できなくなる（マイスナー効果）．このマイナス電荷の基底状態の不自然さが南部先生の心にひっかかり，その理解の過程から「自発的対称性の破れ」に到達した．南部先生のすごいところは，超伝導体という特殊な環境で起こっていることを，"宇宙全体に応用し，宇宙が変な基底状態（真空）になる"ことを示したところにある．では，なぜポテンシャルが図 3.2 のようになったのだろうか? この理由はまだわかっていない．

第4章 LHC加速器と陽子の構造

第3章で述べたヒッグス場が真空に潜んでいるのだろうか？物理学は実験で検証されてなんぼの学問である．この場を見つけるために，人類はこれまで複数の大型加速器を作り，おおよそ40〜50年にわたってヒッグス粒子を探してきたが，エネルギーや衝突頻度が不足していた．この章では，世界最大で最高エネルギーの加速器 LHC (Large Hadron Collider) についてまとめる．

4.1 加速の原理と LHC 加速器

LHC はジュネーブ郊外にある CERN で建設された1周 27 km の大型の加速器である．この加速器を用いて，光速の 99.999997% まで加速した陽子（$E = 4\,\text{TeV}$（TeV=10^{12}eV テラ電子ボルト））同士を衝突させて実験を行った．

図 1.3 の航空写真を見ると円形のように示されているが，実は 1/8 周の円弧と直線が交互に組み合わさって構成されている．8つの円弧の合計の長さは 18 km（曲率半径 $\rho = 2800\,\text{m}$）と8つの直線の合計は 9 km である．合わせて 27 km である．これが深さ約 100 m の地下トンネルに設置されている．この地下トンネルと設置された加速器の写真が図 4.1 である．円弧部なので，右に大きく曲がっているのがわかる．トンネル自体の直径は 3 m あまりもある．

直線の部分で加速したり，加速した陽子同士を衝突させたりしている．図 4.2 が超伝導加速空洞の写真である．このような加速ユニットが，それぞれの直線部に 1 台ずつ設置されている．コブコブの中は約 400 MHz の高周波で 5 MeV/m の電界が発生している．LHC 加速器に入ったばかりの陽子の運動量は 450 GeV であり，加速されて 4 TeV（2015 年から 6.5 TeV）に加速される．陽子の速度に合わせて，400 MHz も少しずつ高くして，コブ1つを陽子が通過するタイミ

44 第4章 LHC加速器と陽子の構造

図 **4.1** LHCトンネル内部; 青色の管はLHC加速器の一部 (写真提供:CERN)；ここは円弧部で向こうの方で右に曲がっているのがわかる. 1本15 mの双極子磁石が連結されている.

図 **4.2** 超伝導加速空洞（写真提供:CERN）.

ングで，電界の正負が入れ替わるようになっており，これで陽子を加速し続けることができる．たった 8 台で加速しているので，陽子は 27 km を 1 周する間の加速は，わずか 16 MeV のエネルギー分だけである．少なく思うが，毎秒約 1 万周もするので，1 分足らずで，数 TeV のエネルギーまで加速が可能である．少しずつ加速できるのが円形型加速器の利点であり，陽子を用いた円形型加速器では，このように加速は容易である．

円弧の部分では加速は行わずに，フレミング左手の法則で曲げている．式 (4.1) は，磁場に垂直な運動量成分 P_T の電荷 e の粒子を曲率半径 ρ で曲げるのに必要な磁場 B（T:テスラ）を表している．

$$P_T(\text{GeV}) = 0.3 B(\text{T}) \rho(\text{m}). \tag{4.1}$$

$P_T = 4\,\text{TeV}(4000\,\text{GeV})$ まで加速されているときに，$B = 4.7\,\text{T}$ の磁場が必要になる．LHC の最終的には，$P_T = 7\,\text{TeV}$ となるので $B = 8.3\,\text{T}$ の磁場が必要になる．このように陽子を用いた円形型加速器では曲げるのが大変である．強い双極子磁場を実現するために，LHC は絶対温度 1.9 K に冷却された超伝導（線材：NbTi）のコイルが使用され，約 1 万アンペアの電流が流れている．図 4.3 にその断面を示す．LHC では陽子が時計回りと反時計回りに回るため 2 つのパイプが必要になり，一方が上向き，他方が下向き磁場になるようにコイルがまかれているが，リターンヨークは共通になっているユニークな構造である．双極子磁石の長さは 15 m で，全部で 1232 本ありこれで円弧部分 18 km をカバーしている．ここで使われる液体 He の総量は 700 kℓ にもなる．世界最大の低温（超電導）の構造物である．

なぜ素粒子でない陽子を使うか？荷電粒子（電子を例に）を半径 ρ の円周に沿って曲げるときに電磁波を出して（シンクロトロン輻射）失うエネルギーが，1 周あたり，

$$\delta E(\text{GeV}) = 8.85 \times 10^{-5} E(\text{GeV})^4 / \rho(\text{m}) \tag{4.2}$$

となる．電子で $E = 105\,\text{GeV}$ を代入すると，約 4 GeV のエネルギーを 1 周で失うことになり，電子・陽電子衝突型では，円周が 27 km の円型加速器が現実的な限界だった．1989～2000 年まで，LHC のトンネルで電子・陽電子衝突実験 LEP が行われていたが，最高エネルギーは電子，陽電子各々 104.5 GeV であった．曲がる陽子からも，もちろんシンクロトロン輻射が放出されるが，その

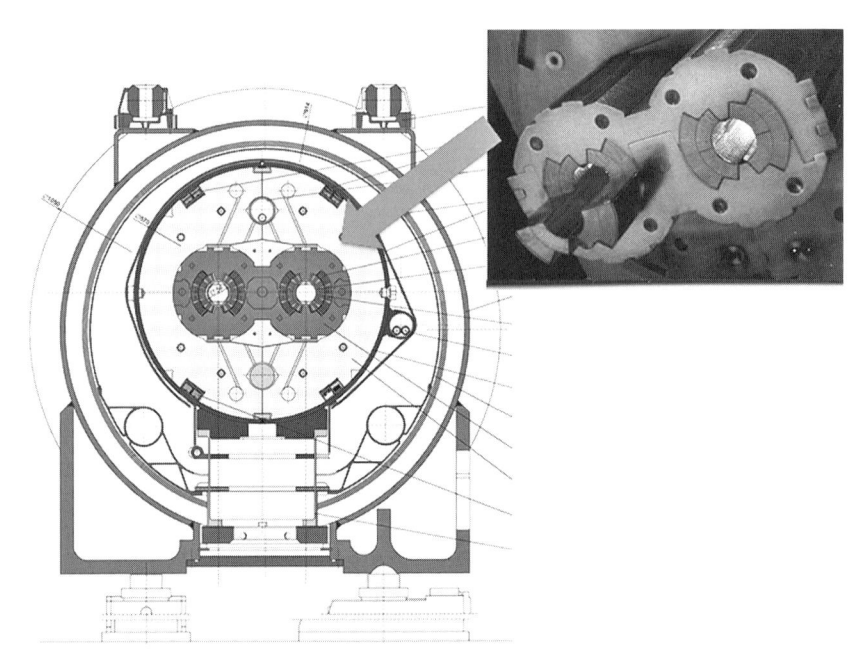

図 4.3 LHC 加速器 ダイポール磁石 (提供:CERN): 一番外側の円は，図 4.1 の青色のパイプである．外側から 3 層目の領域は，外部から二重に断熱されて，温度が 1.9 K の液体 He で冷却されている領域である．中央の，横向きに 2 つ並んでいる穴が陽子がそれぞれこっち向きとあっち向きに進むパイプである．右上の写真は，このパイプの様子である．パイプの周りに超電導のケーブルが長軸方向にまかれている．左右で巻き方を反対にして磁場を上向きと下向きにそれぞれ発生させている．超電導ケーブルの周りの 8 の字の構造物で磁石を支えている．リターンヨークは，その外部にあり，上下にそれぞれ発生させた磁場をこの中に閉じ込める構造になっている．

損失が γ^4 ($\gamma = \frac{E}{mc^2}$) に比例するため，電子に比べて 1836 倍重い陽子だと，無視できるほど小さくなる．実際，$E = 7000\,\mathrm{GeV}$ としても $\delta E = 7\,\mathrm{KeV}$ であり $E = 105\,\mathrm{GeV}$ の電子と比較して約 6 桁も小さい．これが，LHC で，素粒子でない陽子が使われている理由である．陽子を用いた円形加速器は，シンクロトロン輻射が少ないため，円形で少しずつ加速すればよいので，加速空洞 (図 4.2) 自体は，そんなにすごいものではない．むしろ加速されて高エネルギーになった陽子を曲げることが大変で，技術開発，コストの多くが曲げるための双極子磁石に費やされている．

一方で，電子を用いた円形加速器はシンクロトロン輻射の損失を補填するた

め，高性能加速空洞が無数に必要となり，この部分のコストが主要なものになる．この損失を避けるため，現在計画中の次世代の電子・陽電子衝突型実験は，もはや円形でなく直線 (ILC: International Linear Collider) である．このためシンクロトロン輻射の損失はないが，反面ぐるぐる少しずつ加速することができず 1 回ぽっきり（直線部 10 km 程度）で加速する必要があり，50 MeV/m 程度の加速勾配が必要である．これは LHC のおよそ 10 倍の勾配である．ピンとこない数字かもしれないが，1 mm の距離に 5 万ボルトの電圧をかけるのである．特殊な表面処理をしないと，すぐに放電してしまう．素粒子である電子と陽電子を用いた加速器は，円形でも直線でも加速空洞の開発が鍵になる．

LHC では，光速の 99.999997% まで加速した陽子（$E = 4$ TeV）同士を衝突させてきた．余談だが，4 TeV の陽子 1 個がもつエネルギーは，約 6 エルグ（〜 10^{-6} ジュール）である．これは，小さなハエ (10 mg) がブ〜ンと飛んでいる (50 cm/s) ときの運動エネルギーに相当する．アボガドロ数オーダーの物体の運動エネルギーに相当するエネルギーを 1 個の陽子が担っていることになる．

ハエで終わるとケチな印象になってしまうが，このような陽子が 10^{14} 個程度 LHC 加速器の中に蓄えられているので，陽子全部のエネルギーは

$$(0.6 \times 10^{-6}(J)) \times (1.6 \times 10^{11} \times 1380) \times 2 \sim 500 \text{ MJ}$$

になる．これは，大型ジェット旅客機（200 トン）の着陸直前 (200 km/h) の運動エネルギー程度であり，大きなエネルギーが蓄えられている．したがって，細心の注意を払いながら実験が行われている．

陽子は，図 4.3 に示したように，加速器の中の 2 つのリングを反対向きに廻っているが，1 周のうち 4 ヵ所でリングを交差させて衝突が起きるようにしている．この 4 ヵ所に検出器を配置して，衝突反応で出てくる粒子の種類・運動量を精密に測定し，どのような反応が起こったかを調べる．検出器の仕組みは第 5 章で述べる．

4.2　陽子の構造

重心系エネルギー $4 + 4 = 8$ TeV で陽子同士を衝突させているが，陽子が直接素粒子反応にあずかるわけではなく，"パートン" と呼ばれる陽子を構成して

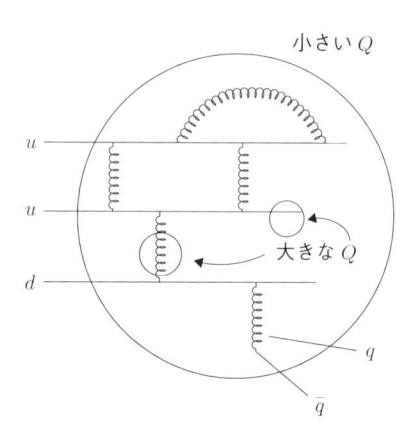

図 4.4 陽子の内部構造と Q の違いの意味; 3 つのクォーク（バレンスクォーク）とそれらを結合するグルーオンなど陽子内部のパートンを模式的に表している．高いエネルギー（大きな $|Q|$）で観測すると，小さな領域（図中の小さな円）のパートンが観測され，低いエネルギー（小さな $|Q|$）で観測すると，大きな領域のパートンが観測される．

いる素粒子（クォークやグルーオンなど）が反応を行う．

　パートンって何なのか？から考えてみる．陽子は，アップクォーク 2 つとダウンクォーク 1 つでできていると考えられている．これは，低いエネルギーで中を探ったときのことである．低いというのはどのくらいかというと，陽子のサイズは 1 fm であるので，式 (1.1) より，1 GeV 程度のエネルギーで中を調べたときである．図 4.4 にクォーク内部の様子を，模式的に示す．3 つのクォークを束縛するために，グルーオンがクォーク間で交換される．グルーオンを出すと，クォークは色電荷（RGB の 3 種類ある）が変わる．変化した分を保存するように，8 種類 (2 つの色電荷の組み合わせ) の色電荷をグルーオンが担っている．これが強い力である．放出されたグルーオンは，時々元のクォーク自体に戻ったり，クォーク・反クォーク対になったりする．またグルーオン自体が色をもっているため，グルーオンが，グルーオン・グルーオン対になったりすることができる．こうしてある時間を切り出すと，元のクォーク以外にも，グルーオン，グルーオンから生成したクォーク，反クォークがいることになる．これらをまとめて，パートンと呼んでいる．

　どんな割合でクォークやグルーオンが存在しているのだろうか？陽子の運動量 P として，あるパートンが $x_i P$ の運動量を担っているとする ($0 < x_i < 1$)．

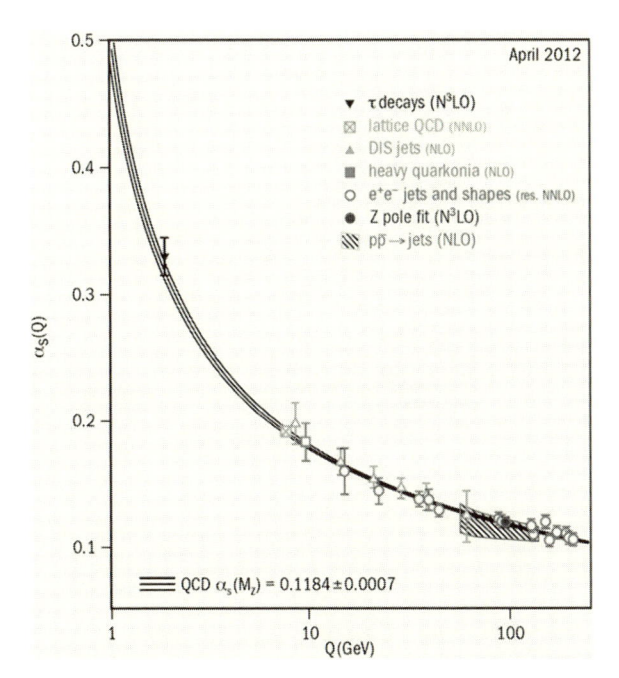

図 4.5　強い力の漸近的自由: 横軸 $|Q|$ は，観測する粒子のエネルギーの大きさ，縦軸は強い力の結合定数 α_s. さまざま印は実験での測定結果で 3 本線はフィットの結果. 中心線と $\pm 1\sigma$ を表している. Q が大きくなる程，$\alpha_s \to 0$ と結合がなくなり，逆に Q が小さくなると α_s は発散的に大きくなり，閉じ込めが起こっている. CERN の機関誌より http://cerncourier.com/cws/article/cern/52034.

ここで i はパートンの番号を表している. このとき,

$$\Sigma x_i = 1 \tag{4.3}$$

となる. この思想の背景には，パートン同士の結合が弱くなっていることがある. 図 4.5 に示すように，強い力は結合が近距離では弱くなり（漸近的自由）ゼロになる. このため，質量ゼロの点状粒子がお互いに結合しないで，自由粒子として，陽子といういれものの中に入っている描像が成り立つ. 逆に遠方（$> 1\,\mathrm{fm}$）では，急激に結合が強くなり閉じ込めが起こる.

　割合 x の運動量を担うパートンが存在する頻度 $F(x)$ は，実は見るエネルギースケール Q^2 に依存しており，すなわち $F(x, Q^2)$ となる. 図 4.4 の陽子内部の模式図でその理由を説明する. 高いエネルギーの粒子（Q^2 が大きい）で中を探

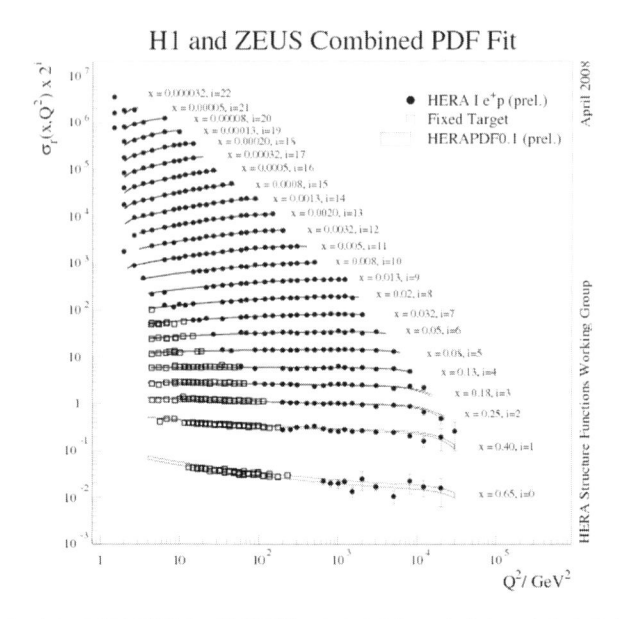

H1 and ZEUS Combined PDF Fit

図 4.6 パートンの存在確率の Q^2 依存性；上から下に，小さな x から大きな x へさまざまな場合の測定結果である．Q^2 が大きくなると小さな x のパートンは増える．一方大きな $x > 1/3$ のパートンは Q^2 が大きくなると減っていく．これは図 4.4 を考えるとわかりやすい（arXiv0902.0563 より引用）．

ると，この図では小さな範囲を見ていることになる．このため，x の小さい成分やグルーオンや，グルーオンから対生成されたクォーク・反クォーク（まとめて sea quark と呼ばれている）の割合が増える．逆に，低エネルギーの粒子で中を探ると，広い範囲を見ていることになり，x の大きいもともとのクォーク（valence quark と呼ぶ）が大きくなり，一方 x が小さい成分は少なくなっていく．

図 4.6 に存在確率 F の Q^2 依存性をさまざまな x について調べた実験結果を示す．上で見たように，Q^2 の依存性がこの 2 つの相反する効果が相殺する $x = 0.25$ あたりでは，一見 Q^2 に依存しなくなる．これがビジョルケンのスケーリング則と呼ばれるもので，1960 年頃の実験データに基づいた経験則である．たまたまキャンセルする $x \sim 0.25$ 付近の実験だった幸運によるものあるが，この経験則に基づいて，点状自由粒子の集合体であるパートンモデルが確立した．何が幸いするかわからない．

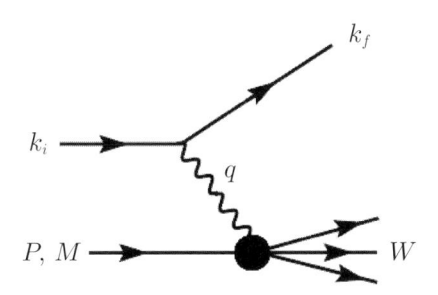

図 4.7 陽子の構造を探る；高いエネルギーの電子 (k_i) を陽子 (P) と衝突させる．散乱された電子の運動量 (k_f) から，陽子と反応した光の運動量やバーチャリティーが決定できる．W は，陽子が破砕して出てきた粒子群である．この反応の起きやすさから，陽子の中のクォークや反クォークがどれだけの x を運んでいるかを調べることができる．

x の大きいところや小さいところは，Q^2 に依存し，"スケーリング則" の破れと言われているが，これはただの量子力学の効果である．Q^2 依存性は，量子色力学 QCD の計算から評価できるので，ある Q^2 で $F(x)$ を測定すれば，$F(x, Q^2)$ を決めることができる．

Q は見るスケールと言ったが，実際はどうやってこれを測定しているのだろうか？図 4.7 に電子を用いて陽子内部を調べる例を示している．高エネルギーの電子（4 次元運動量 k_i）を陽子に衝突させ，散乱された電子の運動量 (k_f) を測定する．この反応では，電磁気力を媒介する光が交換されている．電子で探っているのではなく，光で探っているのである．この光がもっている運動量 q は，式 (4.4) で与えられる．この光の質量 q^2 は，必ず負になるので，$Q^2 = -q^2$ で正の値にしている．この Q は，散乱された電子が得た横方向運動量 (P_T) に，近似的になっている．あまり横に散乱されない場合は，質量がゼロに近い実光子が出ている場合であるのに対して，横に大きく散乱された場合は，大きな虚数の質量をもった光になっている．

$$q = k_i - k_f \equiv (E, k_x, k_y, k_z) - (E', k'_x, k'_y, k'_z) \quad (4.4)$$

$$\begin{aligned} Q^2 = -q^2 &\simeq 2EE'(1 - \cos\theta) \quad \text{電子の質量無視} \\ &\simeq (E\theta)^2 \quad \theta \text{が小さい近似} \\ &\simeq P_T^2 \end{aligned} \quad (4.5)$$

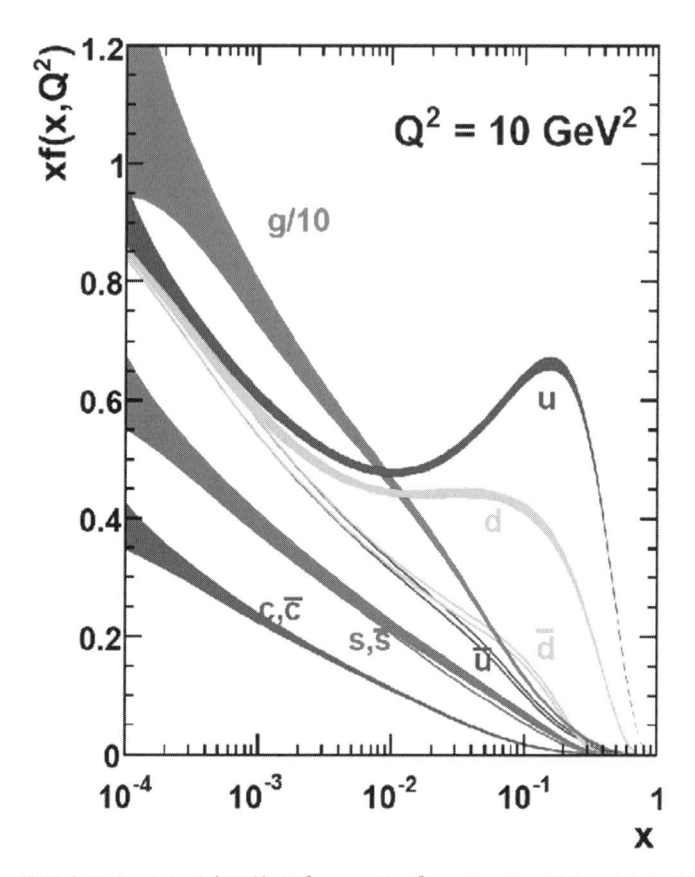

52　第 4 章　LHC 加速器と陽子の構造

図 4.8　陽子中のパートン分布関数 ($Q^2 = 10\,GeV^2$). g/10 は，グルーオンの分布関数を 1/10 に縮小して表している．u,d などは，クォークの分布関数を示している．$\bar{u}, \bar{d}$ は反クォークの分布関数である．u, d は $x \sim \frac{1}{3}$ 付近にピークがあるのは，価クォーク (valence quark) の効果である．グルーオンから生成されたクォーク，反クォーク対が，$x \ll 1$ の領域では大きくなる．海クォーク (sea quark) と呼ばれている．線の幅はエラーを示している（arXiv.1207.5238 より引用）．

となる．光が，質量がないのは実世界の話であり，不確定性原理のいうよう，Q の虚数の質量があってよく，非常に短い距離だけに存在しているのである．虚数の質量というのはイメージしにくい．どれだけ短い時間に"仮想的にしか"存在できないかを表しており，Q は，"バーチャリティー"と呼ばれている．このように散乱された電子を計ることで，見るスケール Q を選んでおり，Q が大きいほど（ゼロからずれるほど），$t \sim \frac{1}{Q}$ の短い時間しか存在できない，"仮想"光

子になるのである．

図 4.8 にパートンの分布関数 (Parton Distribution Function) を示す．陽子は u, d タイプの価クォークあるので $x = 1/3$ 付近で多く，その比も 2:1 となっている．x が小さくなるに従い，グルーオンの頻度 ($g(x, Q^2)$) が飛躍的に大きくなる．この図では，グルーオンの頻度を 1/10 にスケールしており，$x < 0.1$ ではグルーオンが主要成分である．

$$\int xg(x)dx \sim \frac{1}{2}. \tag{4.6}$$

陽子の運動量のおおよそ半分は，グルーオンが担っている．x がほどほど大きな成分を考えると，LHC は，グルーオン，アップ，ダウンクォークのコライダーである．

4.3　LHC での運動学

反応の運動学を考える例を図 4.9 に示す．陽子の運動量を P，反応に寄与するパートンの運動量の割合をそれぞれ x_1, x_2 にする．2 つのパートンの 4 次元運動量は $(x_1 P, 0, 0, x_1 P)$, $(x_2 P, 0, 0, -x_2 P)$ になるので，重心系の 4 元運動量は $((x_1 + x_2)P, 0, 0, (x_1 - x_2)P)$ となる．重心系は，$(x_1 - x_2)P$ で Z 方向ビームパイプ方向に運動している非対称コライダーになる．また，$(x_1 - x_2)P$ や $(x_1 + x_2)P$ は，反応事象ごとに変わり不明であるので，陽子コライダーでは，Z 方向の運動量保存則や重心系のエネルギー保存則を使うことができない．ビームパイプに垂直方向は，運動量保存則が使えるので，横方向運動量 (P_T)

$$P_T = \sqrt{(P_x^2 + P_y^2)} \tag{4.7}$$

を主に解析に用いる．一方重心系のエネルギー $\sqrt{\hat{s}}$ は

$$\sqrt{\hat{s}} = \sqrt{(x_1 \cdot x_2)} 2P \tag{4.8}$$

となる．$2P$ は陽子・陽子の重心系エネルギーであり，LHC 第 1 期実験 (2010〜2012 年) では，$2P =$ 7〜8 TeV だった．式 (4.8) は，どんな生成過程が重要になるかを考えるうえで極めて重要である．

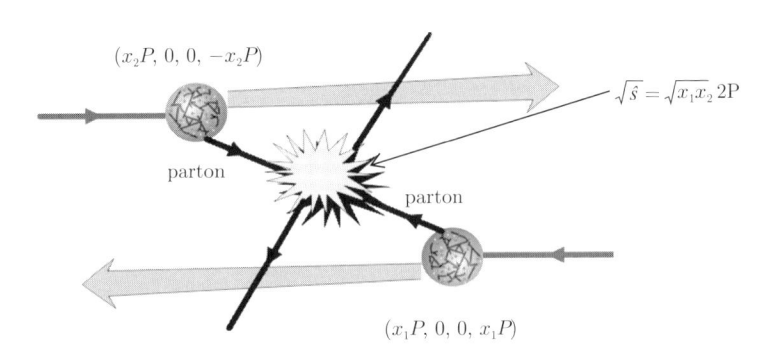

図 4.9 LHC での運動学: x_1 と x_2 はそれぞれのパートンが運ぶ運動量の割合.

例えば超対称性粒子のように重い粒子（質量 >1 TeV）を生成しようとする．式 (4.8) より $\sqrt{x_1 \cdot x_2} > 0.1$ が必要であり，x_1, x_2 共に，大きい場合が起きやすい．図 4.8 が示すように，こんな大きな x をもてるパートンは，u, d 両クォークとグルーオンである．例で超対称性粒子としたが，これに限らず，重い，または高いエネルギーをもった粒子の生成は，u, d クォークとグルーオンがバランスして衝突することが必要である．x_1 と x_2 がバランスしたとき，$x_1 \cdot x_2$ が大きくなりうるので，z 方向へのブーストは小さくなるので，検出器中央部分で観測されるようになる．

一方ヒッグス粒子や $W^{\pm}$ 粒子，Z^0 粒子などが生成される場合を考える．式 (4.8) に 100 GeV 程度を代入すると $\sqrt{x_1 \cdot x_2} \sim 0.01$ であるので，x_1, $x_2 > 0.0001$ までが可能であり，x_1 と x_2 がバランスしなくても，$\sqrt{x_1 \cdot x_2} \sim 0.01$ を達成しうる．バランスしていない場合，重心系が，Z 方向への大きくブーストする．図 4.8 より主な寄与はグルーオンであり，その他クォークや反クォークも寄与することがわかる．

Z 方向のブースト $(x_1 - x_2)P$ を定量化しないで，いろいろ話を書いたが，ラピディティー (Rapidity) y という少しヘンテコな量で定式化される．エネルギー，運動量 (E, P_x, P_y, P_z) とすると，

$$\begin{aligned}y &\equiv \frac{1}{2} \ln \frac{(E+P_z)}{(E-P_z)} = \ln \left(\frac{(E+P_z)}{m_T}\right) = \tanh^{-1}\left(\frac{P_z}{E}\right) \\ &= \tanh^{-1}(\beta_z).\end{aligned} \quad (4.9)$$

ここで m_T は横方向質量と呼ばれ，不変質量（m とする）に P_T を加えたものである．これを見てわかるように m_T も y もローレンツ不変ではない．

$$m_T^2 = m^2 + P_x^2 + P_y^2 = E^2 - P_z^2 . \tag{4.10}$$

式 (4.9) の 3 行目の式変形で戸惑うかもしれないが，

$$\tanh^{-1} x = \frac{1}{2} \ln\left(\frac{1+x}{1-x}\right) \tag{4.11}$$

から出てくる．

なぜこんな変な量 y が使われるのか？それはローレンツ変換の扱いやすさにある（付録参照）．

図 4.9 に示したように，LHC は運動量が異なる運動量のパートン同士が衝突しているので，非対称コライダーであり，重心系が事象ごとに Z 方向に運動している．ローレンツ変換に便利な物理量が必要である．ある系での粒子のエネルギーと Z 方向の運動量それぞれ E と P_z とする．ラピディティー y は式 (4.9) で与えられる．

この系を Z 方向に β（$\beta = v/c$）でローレンツ変換し，エネルギーと Z 方向運動量が E'，P_z' になったとする．

$$\gamma = \frac{1}{\sqrt{(1-\beta^2)}}$$

として

$$\begin{pmatrix} E' \\ P_z' \end{pmatrix} = \begin{pmatrix} \gamma & -\beta\gamma \\ -\beta\gamma & \gamma \end{pmatrix} \begin{pmatrix} E \\ P_z \end{pmatrix}. \tag{4.12}$$

この変換後のラピディティー y' は

$$y' = \frac{1}{2} \ln \frac{(E'+P_z')}{(E'-P_z')} = \frac{1}{2} \ln \frac{(E+P_z)}{(E-P_z)} \frac{1-\beta}{1+\beta} = y + \tanh^{-1}\beta \tag{4.13}$$

となり，単に $\tanh^{-1}\beta$ を加えればいいことになる．これは系の相対的な速度（β）のラピディティーなので，ラピディティーはローレンツ変換がただの足し算になる．その物理的な意味は，付録に詳しく述べる．

ラピディティー y は，粒子の質量 m に依存するので実用的でないので，相対論的極限で $m = 0$ とする．この近似でのラピディティーを擬ラピディティー

表 4.1 物理現象と典型的な重心エネルギーや η の領域.

物理現象	典型的な $\sqrt{\hat{s}}$	$\sqrt{x_1 \cdot x_2}$	$|\eta|$
超対称性粒子など	> 2 TeV	> 0.25	< 1.4
ヒッグス粒子や W/Z	> 100 GeV	> 10^{-2}	< 4.6
ボトムクォーク対生成	> 10 GeV	> 10^{-3}	< 6.9

η と呼ぶ. Z 軸から天頂角を θ とすると,

$$P_z = P\cos\theta = E\cos\theta \tag{4.14}$$

$$\eta = \frac{1}{2}\ln\frac{(E+E\cos\theta)}{(E-E\cos\theta)} = -\ln\tan\frac{\theta}{2} \tag{4.15}$$

と η は, 角度 θ だけの関数となる.

$\eta = 0$ は中心で, $|\eta|$ が大きくなるに従ってビーム軸に近くなっていく. 天頂角度 $\theta = 10^o$ で η は 2.4 程度である. 1° で $\eta = 4.7$ 程度である. この η の値と式 (4.8) で考えた重心系のエネルギー, 考えられる物理現象の関係を表 4.1 で考えてみる.

重い粒子の生成は, バランスしたパートンの衝突で初めて可能になるため, 実験室系と重心系が近く, 中央部分が大事である. ヒッグス粒子や $W^\pm, Z^0$ 粒子などは, LHC のエネルギーと比較して軽いため, 比較的非対称の運動量をもったパートン同士の衝突でも生成が可能になる. そのため, $|\eta| \sim 4.6$ 程度のある程度前方（後方）にも飛び出す場合があることを示している. 第 5 章で述べるが, ここまで確実に検出器はカバーしている. もっと軽い粒子, 例えばボトムクォーク対生成は, ブーストした場合が多くなり, 中心よりビーム軸に近い方向（$|\eta| \sim 7$ と大きい）の現象が増える. ボトムクォークを研究する場合には, これらを効率的にとらえるために, 前 (後) 方向に特化した検出器 LHCb 検出器が準備されている.

4.4　ルミノシティーが鍵

LHC での主要な研究テーマであるヒッグス粒子や新粒子発見には大きな重心系エネルギーが必要であるが, 図 4.8 が示すように大きな x を担っているパー

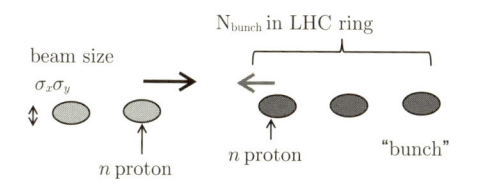

図 **4.10** 陽子ビームのバンチ構造：陽子が集まったバンチが，時計回りと反時計回りに回っている．1.6×10^{11} 個の陽子が 1 つのバンチに含まれている．バンチサイズは $16 \times 16\,\mu\text{m}$ 長さ 6 cm である．

トンは存在確率が低い．さらにヒッグス粒子などは，弱い力しか感じないため，生成の反応はなかなか起きない．そこで，衝突頻度（ルミノシティー）を高める必要がある．ヒッグス粒子や新しい素粒子現象を発見するには重心系エネルギーの高い衝突を行うと同時に，高いルミノシティーが不可欠である．

ルミノシティーを上げる方法について考える．加速器の中で陽子は約 1.6×10^{11} 個（n とする）の塊（バンチ）になって回っている（図 4.10）．この塊の断面の大きさを σ_x, σ_y（z は進行方向），バンチが毎秒 f 回交差するとして，ルミノシティー L は，

$$L = \frac{n \times n}{4\pi \sigma_x \sigma_y} f \quad [\text{cm}^{-2}\text{s}^{-1}] \tag{4.16}$$

となる．直感的に，バンチのすれちがう断面積（$\sigma_x \sigma_y$）に反比例し，交差頻度 f に比例し，それぞれのバンチの中の陽子数に比例（両方のバンチとも n 個あるとすると n^2 に比例）する．n は十分大きな量であるうえに，プラス電荷の陽子を集めるので反発力があるため，10^{11} くらいが妥当な数である．

LHC は 2009 年の開始以来，安定的に制御できるように調整しながら，少しずつ f を大きく（バンチ数を多く），σ を小さく（ビームを絞る）してルミノシティーを上げてきた．2012 年には，1380 バンチまで増やし（$f = 20\,\text{MHz}$），$\sigma = 16\mu\text{m}, L = 7.6 \times 10^{33}\,\text{cm}^{-2}\text{s}^{-1}$ まで高められた．

このような高いルミノシティーを実現する鍵となるのがビームをどこまで絞れるかにある．図 4.3 の加速器をグルグル回っている陽子はもちろんこんなに絞ってはいない（ざっと mm ぐらいの広がり）．絞り込むと軌道が不安定になるからである．衝突直前に非常に強い 4 重極磁場をかけて絞り込んでいる．4 重極磁場は，磁石が NSNS と交互に 90º ずらしてならんでいる構造である．中心は磁場がないが外側へ行くほど急激強くなるようになっている．そこに陽子をい

図 4.11　陽子バンチを絞る 4 重極磁石：(写真提供 CERN).

れると，外側にいる粒子が中心に向かう力がはたらき絞りこまれる．この 4 重極磁石（図 4.11）を開発製作したのが，日本の高エネルギー加速器研究機構 (KEK) であり実験の成功に大きな貢献をした．次の第 5 章にも述べるが，素粒子研究は国境がなく，1 つの実験装置を作るのに世界中の研究者が共同して行う．

　式 (4.16) の L を実験時間で積分したものが，積算ルミノシティーと呼ばれている．式 (4.16) の単位を見てわかるように，これに反応断面積（断面積は，反応の起こりやすさを示す量で，単位 b（バーン）は $10^{-24}\,\mathrm{cm}^2$，おおざっぱにいうと原子核を見たときの幾何学的な面積程度である）をかけると，実際に実験で起こる反応の数になる．

　2011，2012 年に，それぞれ $5\,\mathrm{fb}^{-1}$，$21\,\mathrm{fb}^{-1}$ と合わせておおよそ $26\,\mathrm{fb}^{-1}$ の積算ルミノシティーが得られた．半径約 $1\,\mathrm{fm}$ 程度の陽子の幾何的な面積から推測できるように，陽子同士がぶつかる断面積が約 $10^{-25}\,\mathrm{cm}^2$ であり，$26\,\mathrm{fb}^{-1}$ の積算ルミノシティーは，約 2600 兆回陽子同士を衝突させた勘定である．

第5章 検出器

　第4章で述べたLHCは衝突させるための装置であり，衝突で起こった反応を検出して，測定・記録するのが検出器の役割である．例えば，ヒッグス粒子は生成しても10^{-21}秒程度の非常に短い時間で崩壊してしまうので，反応が起こった点（反応点）から出てくるさまざまな粒子の種類，エネルギー・運動量を精密に測定する必要があり，検出器がその役割を担っている．検出器に関する良い教科書がたくさん出版されているので，ここでは，LHCでの代表的な検出器であるATLAS検出器について簡単にまとめる．

5.1　検出器概論

　いろいろ細かな点は，それぞれの検出器で創意工夫がなされているが，基本となる4層とその目的は，素粒子実験で共通である．図5.1に概念図を示す．左端が反応点だとすると，さまざまな粒子が放出され右に流れていく．

　一番内側（図では左側）は，磁場をかけて電荷をもった粒子を曲げて，その運動量を測定する"飛跡検出器"である．式(4.1)にあるように，曲率を測定すると運動量を決めることができる．曲率を求めるために，飛跡を精密に測定する必要がある．

　その外側に設置されているのが，電磁カロリメータである．電子と光を吸収し，そのエネルギーを測定する．鉛などの原子番号Zが大きい物質と運動量MeV程度の電子のイオン化過程をとらえる検出器がサンドイッチになっている．鉛やタングステンといったZの大きい物質には入ると，電子は軽いため，制動輻射で高エネルギー電子から，光が放出される．光からは，Zの大きな物質中で電子と陽電子が対生成される．こうして，電子から光子が生成され，そ

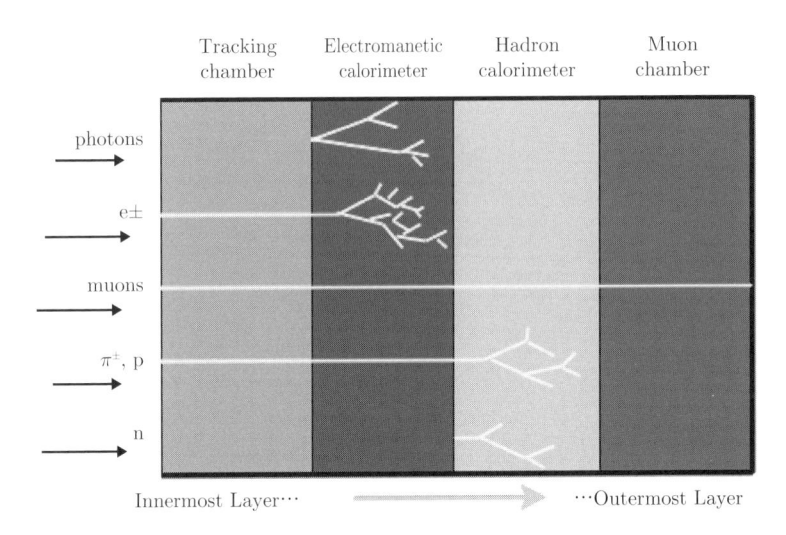

図 5.1 検出器の概念図: 反応点 (左側) から出てきたさまざまな粒子をとらえる様子を模式的に表している.

の光子から電子が生成され，高エネルギーの電子や光は，無数の電子と光のシャワー（電磁シャワー）になる．個々の電子や光のエネルギーが MeV 程度になると，対生成ができなくなるため，シャワーの成長が止まり，今度は，イオン化やコンプトン散乱で吸収されてしまう．これが物質中での光や電子の振る舞いである．

その外側に設置されているのが，ハドロンカロリメータである．ハドロンと呼ばれるクォークで構成されている粒子は，物質の電磁シャワーを起こさず（電荷をもっているハドロンもあるが，電子より相当重く，制動輻射が起きにくいからである），物質の原子核と直接強い力で反応する．反応で放出されたパイオンなどの 2 次粒子をシンチレーターなどでとらえてエネルギーを測定する．第 2 章で述べたように強い力の及ぶ範囲が 1 fm と小さいため，反応断面積は，電磁シャワーに比べて 1 桁ほど小さい．そのため，ハドロンを吸収するのに必要な奥行きは，電磁シャワーに比べて 10 倍ほど長くなる．強い力で原子核と反応するので，Z でなく，質量数 A が大きな物質（鉄や銅など）が使われる．

鉛や鉄といった物質を通り抜けてくる粒子が 2 種類ある．1 つは，$\mu^{\pm}$ 粒子であり，もう 1 つは，ニュートリノである．$\mu^{\pm}$ 粒子は電子の第 2 世代であるが，

質量が 200 倍程度あるため，電磁シャワーを起こさない．また，レプトンであるため強い力も感じないのでハドロンカロリメータも透過する．そこで，最外層に飛跡検出器（と磁場）を設置して，$\mu^{\pm}$ 粒子をとらえる．

ニュートリノ ν は検出できないので，運動量保存則を用いて評価する．ビーム軸（Z 方向）の運動量は不明であるので使えないが，垂直成分（X, Y 平面）の観測された粒子の運動量のベクトル和を計算して，その反対方向にニュートリノが出たとして評価する．

5.2 ATLAS 検出器

本書のターゲットであるヒッグス粒子を狙う検出器は 2 つある．ATLAS 検出器と CMS 検出器であり，ヒッグス粒子を狙うライバルである．ATLAS 検出器に日本から 16 研究機関約 110 名の研究者が参加しており，世界中から集まった研究者と共同で検出器を製作した．

図 5.2 に ATLAS 検出器を示す．検出器の大きさは，直径 22 m，長さ 44 m 重さ 7000 t と大型である．なぜこんなに大きいのかというと，反応した点から離れて測定することで，位置や方向の測定精度を高める目的である．

一番内側には半導体（シリコン）とストローチューブでできた位置測定センサーがある．図 5.3 に示すように 3 種類から構成されている．飛跡検出器の領

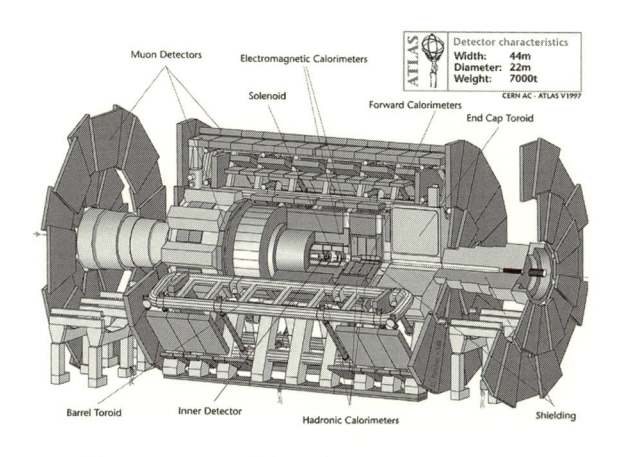

図 **5.2** ATLAS 検出器（提供：ATLAS 実験）．

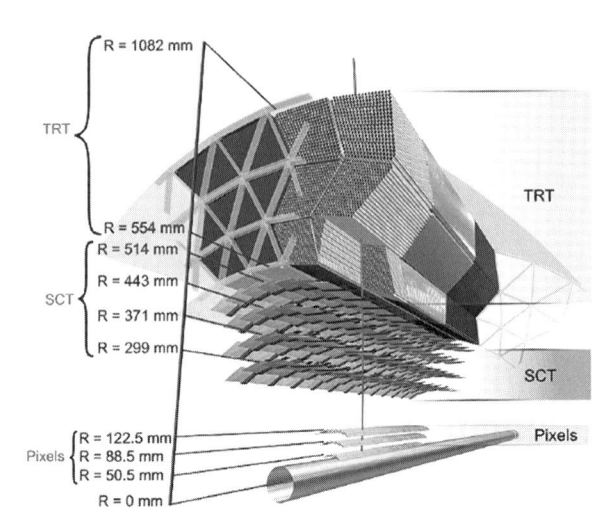

図 5.3 ATLAS 内部飛跡検出器：下のパイプが，陽子が回るビームパイプを表している．この内部で衝突が起こる．横軸はこの衝突が起きる場所からの半径を表している（提供:ATLAS 実験）．

域には超伝導磁石で B=2T（テスラ）の磁場がビーム軸方向かけられており，式 (4.1) に示したように，その曲がり方（ビーム軸に垂直な平面内の曲率半径 ρ）から荷電粒子の運動量（垂直な平面内の運動量：横方向運動量 P_T）を測定する．最も内側は，シリコンのピクセル検出器が 3 層（2015 年からは 4 層に増強された）ある．ピクセルは 50×400 ミクロンの大きさのセンサーが 2 次元に配列されている．これで正確に粒子が通過した場所を読み出すことができる．

ピクセルですべてを構成すると読み出し量が膨大になるので，その外側 4 層は，半導体ストリップ検出器（SCT 検出器）である．間隔 80 ミクロン，長さ 12.8 cm の紐状のシリコン半導体を 768 本並べたものである．一次元方向に 80 ミクロンの精度で位置測定が可能であるが，横向きには不可能である．そこでストリップ検出器 2 枚を 40 mrad ずらして張り合わせて使う．このようにステレオ化すると，表と裏の両面の情報から，もう一方も約 2.6 mm の精度で測定できるようになる．この両面張り合わせストリップシリコン検出器を 4 層ならべて位置を測定している．ピクセルとストリップ合わせて，離散的に 3 + 8 点の測定情報が得られるが，これで約 20 ミクロン程度の精度で飛跡の位置を決めることができる．

その外側にあるのが，遷移輻射検出器（TRT 検出器）と呼ばれているもので，直径 4 mm，長さ 1.4 m のストローチューブが約 30 万本束ねてある．荷電粒子がチューブ内のガス（キセノンと炭酸ガスの混合気体）をイオン化して信号としてとらえている．この検出器の目的は 2 つある．1 つ目は飛跡検出を連続的（各飛跡あたり平均 30 点程度）行うものである．飛跡を決める精度を担うのは，シリコン半導体検出器であるが，これは離散的な測定情報である．LHC では数千個の荷電粒子が一度に放出されるので，間違って飛跡を構成しないように連続飛跡検出器がある（結果から言うと，シリコンの離散的な情報だけで十分間違わずにすんだ．コンピューターの性能向上で，より賢明なアルゴリズムで飛跡を決めることができるようになったからである）．

　もう 1 つの目的は，遷移輻射による電子識別である．電荷をもった粒子にはいろいろあるので，どの種類（電子，μ，ハドロンなど）かを識別することは重要である．電子は軽いので少し運動量があると，ほぼ光速で運動する．ストローチューブ間には，ポリプロピレンがおかれている（密度 0.07 g/cc）．光速に近い電子がこれを通過すると，$3 \sim 30$ KeV の X 線が遷移輻射として放出される．この X 線はストローチューブにイオン化より大きな信号を与える．こうして再構成した飛跡が電子によるものだと識別する．イオン化程度の信号しかない場合は，μ やハドロンだと考えるのである．

　その外側には，図 5.4 で示す電磁カロリメータとハドロンカロリメータがある．電子，光，ハドロンを止めて，そのエネルギーを計る検出器である．電磁カロリメータはアコーディオン型をした電極と薄い鉛（$1 \sim 2$ mm の厚さ）が何層にもなっており，その間（すきまの厚さ 2 mm）に液体アルゴン（絶対温度 90 K）が満ちている構造になっている．

　まず薄い鉛（原子番号 $Z=82$ と大きい）で高いエネルギーをもった電子や光が電磁シャワーを起こす．このようにシャワーを起こす素材を吸収材（アブソーバー）と呼んでいる．電磁シャワーの吸収材は原子番号 Z が大きい鉛やタングステンが一般に用いられている．電磁シャワーには，特徴的な長さ，X_0(Radiation Length) がある．電磁シャワーによって，もともとの電子のエネルギーが $1/e$ になる物質の厚さである．不思議なことに，X_0 は物質の性質にだけ依存して，入射する電子のエネルギーには依存しない．鉛だと $X_0 \sim 5$ mm であるので，鉛の吸収材の 1 層あたりの厚さを $1 \sim 2$ mm にしている．これが何層も重なって，最終的に $20 \sim 23 X_0$ の鉛の厚さになり，入射した電子や光のすべてのエネルギー

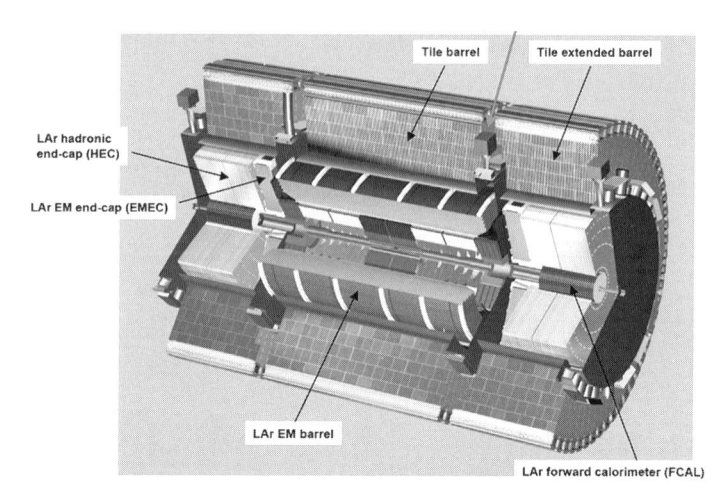

図 5.4 ATLAS カロリメータ検出器: 中央の細い管は，陽子が通るビームパイプを表している．内側は電磁カロリメータ，外側はハドロンカロリメータである．

が吸収される．

電磁シャワーで生成された無数の低いエネルギーの電子や陽電子が，すきまを満たしている液体アルゴンをイオン化する．電極に高電圧をかけておくと，イオン化した電子を集めて信号として取り出すことできる．このようにシャワーを起こすための吸収材（鉛）とシャワーで出てきた低エネルギー粒子をとらえる物質（液体アルゴン）で構成されている．液体アルゴンの特徴は，単原子で安定的な物質であるため放射線に対する耐性が強いことにある．

高いエネルギーのハドロンなどは，物質の原子核と反応し，物質の原子核を破砕し，多数のハドロン粒子が放射されハドロンシャワーを起こす．原子核が大きく，密度が高いほど反応が起こりやすいので吸収材として，鉄や銅，真鍮など原子数の大きな物質を使う．鉄は安くて使い勝手が良い反面，磁化しやすいデメリットもある．銅は磁化しないが，高価である．

電磁シャワーの典型的な長さ X_0 に対して，ハドロンシャワーには特徴的な長さ，λ (interaction length) がある．λ を通過すると入射エネルギーが $1/e$ になる長さである．例えば，鉄では $\lambda \sim 17\,{\rm cm}$ である．鉄の X_0 は 1.8 cm であるので，ハドロンシャワーは電磁シャワーに比べて反応が起きる頻度が $\sim 1/10$ であり，長さとして 10 倍程度必要となる．だから値段が気になるのである．

ATLAS ハドロンカロリメータ（図 5.5）は，主に鉄でできている．ATLAS 検

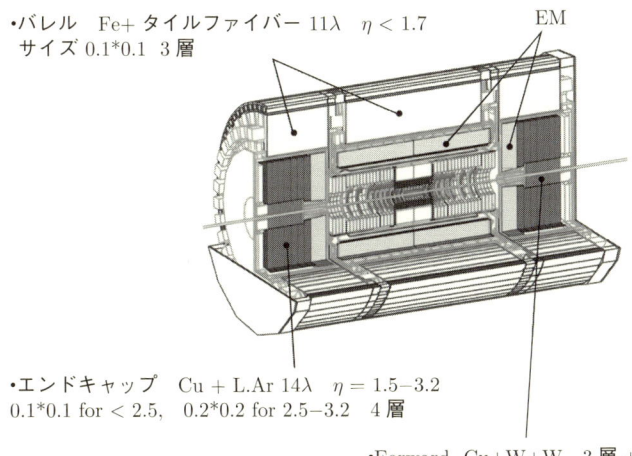

- バレル　Fe+ タイルファイバー 11λ　$\eta < 1.7$
  サイズ 0.1*0.1　3 層

EM

- エンドキャップ　Cu + L.Ar 14λ　$\eta = 1.5$–3.2
  0.1*0.1 for < 2.5,　0.2*0.2 for 2.5–3.2　4 層

- Forward　Cu+W+W　3 層 +
  L.Ar 0.5mm ギャップ 10λ
  $\eta = 3.1$–4.9　0.2*0.2

図 **5.5**　ATLAS ハドロンカロリメータ検出器: 中央の細い管は，陽子が通るビームパイプを表している．電磁カロリメータの外側に，ハドロンカロリメータが配置されている．3 種類（バレル，エンドキャップ，フォワード）のカロリメータが配置されている．ビーム軸に近いところ（$|\eta|$ が大きなところ）は，高い放射線耐性が必要であるうえに，細かな読み出しが必要となってくるため，ハドロンカロリメータも，液体アルゴンで構成されたカロリメータが配置されている．

出器の中央部のハドロンカロリメータは約 2 m (11λ) の厚さの鉄で構成されている．鉄の間に，ハドロンシャワーで生成された無数の粒子の数を測定するためにプラスチックシンチレーターが多数挟まれており，ファイバーで光電子増倍管に導かれている．これは，$|\eta| < 1.7$ の領域をカバーしている．式 (4.15) より，$\theta \sim 20^o$ であるので，角度で言うと $\theta = 20^o \sim 160^o$ と広い領域である．

エンドキャップカロリメータは，ビーム軸に近い部分，$|\eta| = 1.5 \sim 3.2$ をカバーしている．液体アルゴンカロリメータで，吸収材として銅が使われている．ビーム軸に近いほど，放射線量が増えるため高い耐性が必要になると同時に，細かい情報の読み出しが必要になってくるからである．

さらにビーム軸の近く（フォワード カロリメータ：$|\eta| = 3.1 \sim 4.9$）は，電磁カロリメータとハドロンカロリメータが一体化して，銅とタングステンの吸収材と液体アルゴン検出器で構成されている．液体アルゴン検出器が用いられている理由は，細かく読み出すためである．図 5.5 にカバーしている領域 (η)

とサイズが書いてある．ハドロンカロリメータの信号の読み出しのサイズが $\Delta\eta = 0.1 \sim 0.2$, $\Delta\phi = 0.1 \sim 0.2$ と見かけは同じであるが，実際のサイズは大きく異なる．位相空間[1] で考えると，反応で放出される粒子は，重心系で見ると，単位立体角あたり同じ数である．式 (4.13) で見たように LHC では重心系がビーム軸にブーストしているので，単位ラピディティーあたりだいたい同じ数になる．これが見かけのサイズが同じ理由である．しかし，式 (4.15) からわかるように，前後方（ビーム軸に近いところ）は急激にラピディティーが変化している．すなわち，前後方には中央部に比べて，実験室系で見ると，単位立体角あたりに，より多くの粒子が放出されるのである．ビーム軸方向に重心系がブーストしていることを考えれば，ローレンツ変換で粒子が集中的にブースト方向に放出されることを考慮すると納得がいくと思う．このため，前後方の検出器は実際の角度としては，中央部より，細かく読み出す必要があるのである．

これらの鉛と鉄，銅，タングステンなどの物質を通過できる粒子は，μ 粒子とニュートリノだけである．そのため最外層には，ワイヤーチェンバーなどを設置し μ 粒子の測定を行う．直径 $D = 3\,\mathrm{cm}$, 長さ $L = 6\,\mathrm{m}$ のチューブの中にガス（約 3 気圧のアルゴンと炭酸ガス）が満たされている．このチューブが多数束ねられて設置されている．μ 粒子が通過するとき，このガスをイオン化する．チューブの中央のワイヤーに高電圧をかけて，イオン化で出てきた電子をドリフトさせ，信号として読み出す．電場をかけても，ガス分子との衝突の効果で，ガス中を進む電子の速度（$\sim 5\,\mathrm{cm}/\mu s$）は一定なので，ワイヤーに近いときは早く，遠いときは遅く信号として観測される．このように時間情報から位置を正確（$\sim 100\,\mu\mathrm{m}$ の精度）に測定する．これがドリフトチェンバーの仕組みである．

この領域には，図 5.6 に示すようにビーム軸を囲む，巻き付く方向にトロイド磁場がかかっている．磁場の強さは，0.5〜2 テスラである．場所によって大きさが異なり磁場強度の較正が重要である．図 5.7 は製作中のトロイド磁石である．ATLAS 検出器の特徴として目立つこの構造は，トロイド磁石なのである．なぜこんな変な磁石にしたのか？実はソレノイド磁石は，ビーム軸に垂直方向の運動量しか測定できず，ビーム軸方向成分（P_z）は計れない．中央のソレノイド磁場では ϕ 方向に曲がるため，ビーム軸に垂直な成分は測定できてもビーム軸方向は計れない．しかし前後方に放出される粒子は，式 (4.13) が示すように，

---

[1] 反応の終状態で量子力学的に取り得る状態のこと．量子力学では，終状態はどれも同じ確率で起こるので，終状態の取り得る状態が多いほど反応が起こりやすくなる．

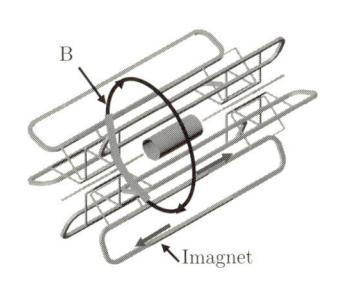

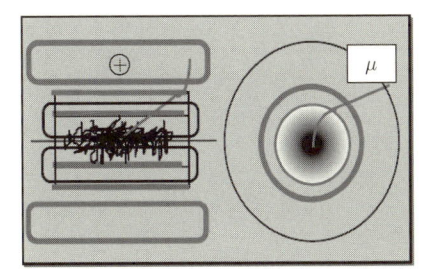

図 **5.6** トロイド磁場と μ 粒子の曲がり方: (左) トロイド磁石と磁場: 中央の円筒形は, 図 5.5 の ATLAS ハドロンカロリメータ検出器である. 中央の細い線 (左下から右上) は, 陽子が通るビームパイプを表している. 細長い四角形の超電導磁石に電流が流れると, ビームパイプと直交する方向に取り囲むような磁場が発生する. (右) μ 粒子の飛跡の曲がり方を模式的に示している. 中心部はソレノイド磁場, 外側ではトロイド磁場がかかっている.

図 **5.7** トロイド磁石 (超電導) を据え付けている写真:中央の人間 と比較してサイズを理解して欲しい.

ビーム軸にブーストされている. したがって, P_z 成分が大きくなっている. トロイド磁場では, 図 5.6 (右) に示すように, η 方向に曲がり, ビーム軸方向の粒子の運動量を測定することができる.

表 5.1 ATLAS 検出器と CMS 検出器の比較.

	ATLAS	CMS
大きな特徴	1. アコーディオン型電極の液体アルゴンカロリメータ（細かい位置分解能） 2. トロイド磁場の μ 粒子検出器	1. $PbWO_4$ 電磁シンチレーター (高いエネルギー分解能) 2. 4 テスラの強力なソレノイド磁場
飛跡検出器	1. $B = 2T$ 半径を大きくして精度を出す. $\delta \sim 1/BL^2$ 2. 連続飛跡検出可能	1. $B = 4T$ 磁場を強くして精度を出す. 2. 半導体検出器だけ
電磁カロリメータ	液体アルゴン検出器 細かい位置情報	$PbWO_4$ シンチレータ 高いエネルギー分解能 $3\%/\sqrt{E}$
ハドロンカロリメータとソレノイド磁石	1. ソレノイド磁石は電磁カロリメータの内側 2. 厚い鉄の吸収材で高いエネルギー分解能	1. ハドロンカロリメータも含めてソレノイド磁場の内側 2. 電磁カロリメータの高いエネルギー分解能. 反面ハドロンカロメータ（真鍮）が薄くなり, ハドロンシャワーのエネルギー分解能が低くなる
ミューオン検出器	物質量を減らして, トロイド磁石 P_T の小さい μ 粒子も測定可能	4T ソレノイド磁場のリターンヨークの鉄で構成: 強い磁場で測定精度を高める

　こうして測定された全粒子のベクトル和をとると, エネルギー運動量保存則から見えない粒子（ニュートリノ）の情報が得られる. 先にも述べたが, 重心系の P_z は不明なので保存則は使えない. ビーム軸に垂直な成分 P_T だけが決まる.

　ATLAS 検出器の構成について詳しく述べたが, ライバルの CMS 検出器も同じコンセプトで作られている. 少し専門的になるが, 両者の違いを表 5.1 にまとめる. 何に重点をおいて検出器を作るか？これが実験を考えるうえで一番楽しいと同時に一番大切である.

ATLAS 検出器は基本的にバランスを追求した検出器であり，いろいろな種類の粒子の測定精度が均質的に良い．飛跡測定の精度を高めるために大型化している．飛跡測定の精度は，$\delta \sim 1/BL^2$ 距離 (L) をおいて計ることで高めることができる．CMS 検出器は，電子・光のエネルギー分解能を高めることに主眼をおいている．PbWO$_4$ 電磁シンチレーターを用いている．吸収材である鉛と検出器であるシンチレーターが一体化したものである．信号として出てきたシンチレーション光を APD(雪崩型　フォトダイオード) で読み出す．なぜここにこだわったのかは，6.3 節で述べる．

中央の飛跡検出器の磁場を作るソレノイド磁石は，不感物質として電磁シャワーを吸収するため，カロリメータの内側にあるとエネルギーや位置分解能が悪化する．そこで CMS はカロリメータをソレノイド磁石の内側にいれている（ATLAS はソレノイド磁石の外側）．これで電磁シャワーの分解能は向上するが，反面ハドロンカロリメータの厚さが不十分になり，ハドロンシャワーのエネルギー精度が少し悪くなっている．

飛跡測定の精度は，$\delta \sim 1/BL^2$ なので飛跡測定の精度を高めるために CMS は磁場を 4 テスラと強くしている．実は CMS は，長さで ATLAS の半分，体積では 1/8 ぐらいの大きさである．磁場強度を追求した結果である．

ATLAS 検出器にはおよそ 1.5 億チャンネルのセンサーが組み込まれている．1 回の衝突のデータは約 2 MB（メガバイト）と大きい．2600 兆回の衝突すべてを記録することはできないので，面白そうな現象を毎秒 1000 事象 (~1KHz) 程度選んで記録している．毎日約 100 テラバイトの実験データの勘定である．こんな膨大な量のデータを扱うために必要となる計算機は CPU 約 30 万台，DISK 容量約 200 ペタバイトという途方もない量である．これらのコンピューター資源は参加各国が国内で準備し，これらを高速ネットワークで結んで GRID 技術を用いてあたかも 1 台のコンピューターのように運用している．日本では，東京大学がこの世界のネットワークの一翼を担っている．LHC は，実験規模のみならず，データ規模もこれまでの基礎科学の常識を超えたモノになっている．以前の素粒子研究では，検出器や加速器が一番大事で，コンピューターはオマケという考え方が強かったが，LHC 実験でコンピューターの果たす役割の重みが大きく変わった．データ量の大きさばかりでなく，飛跡検出器のところでも述べたが，複雑なアルゴリズムを駆使していろいろなことができるようになった．ヒッグス粒子を発見するのに，高いエネルギーと衝突頻度の加速器，高性能

検出器だけではだめで，コンピューターも同様の役割を果たしたと言える．今後，この傾向は益々強くなると思われる．

　実はこの非常識さが新しい技術を生み出す原動力になっている．生活に欠かせなくなったウェッブ (WWW) も，もともと CERN で複数の研究者が平等にデータや資料にアクセスする手段として開発されたものである．このように計算機技術や検出器技術の技術移転（スピンオフ）が，多くの実生活で役に立つモノを生み出してきた．

第6章 ヒッグス粒子をとらえる

6.1 LHCでのヒッグス粒子生成過程

　ヒッグス場が真空に潜んでいるか否かを検証するには，エネルギーを与えて励起させて粒子として取り出すことである．ヒッグス場にエネルギーを与えて励起すると，ヒッグス粒子として取り出すことができる．どうやってエネルギーを与えるかによって，図 6.1 に示すようないろいろな過程がある．

　第 4 章で見たように，陽子には無数のグルーオンが存在している．そのグルーオン同士が消滅してヒッグス粒子を生成するのである（グルーオン融合過程図 6.1(a)）．グルーオンは質量がなく，ヒッグス場とは直接結合しない．両方のグルーオンがそれぞれトップクォーク対になり，トップクォークの対消滅からヒッグス粒子を生成していると考えるとよい．ファインマン図になじみのある方は，トップクォークのループを介していると説明するとわかりやすいと思うと思う．もちろん他のクォークでも可能であるが，トップクォークはヒッグス場と強い結合（湯川結合 $y_t \sim 1$）をもっているのでこの過程が主要になる．グルーオン融合過程の反応断面積は 20 pb[1] もあるので，積算ルミノシティー 26 fb^{-1} でおよそ 50 万事象生成されている．一見するとすごい数だが，後に述べるが，大半は見つけることが難しい状態になっている．

　陽子の中のクォークから $W^{\pm}$ 粒子や Z^0 粒子が放出され，これらのゲージ粒子が対消滅して，ヒッグス粒子を生成する過程をベクターボソン融合過程と呼ぶ（図 6.1(b)）．断面積は 2pb とグルーオン融合過程に較べて約 1 桁小さい．この過程のファインマン則を考えてみる．放出される $W^{\pm}$ 粒子の伝搬関数は，

---

[1] b：バーンは 4.4 節で述べた断面積の大きさで 10^{-24} cm^2 でおおよそ原子核の幾何的な断面積である．p:ピコは 10^{-12}．大きさのない素粒子反応は，式 (1.1) より，おおざっぱに E^{-2} で反応断面積が小さくなるので，LHC で見ているエネルギー領域では，バーンより 10 桁ほど小さくなる．

(a) グルオン融合過程　　(b) ベクターボソン融合過程　　(c) W/Z 随伴生成過程

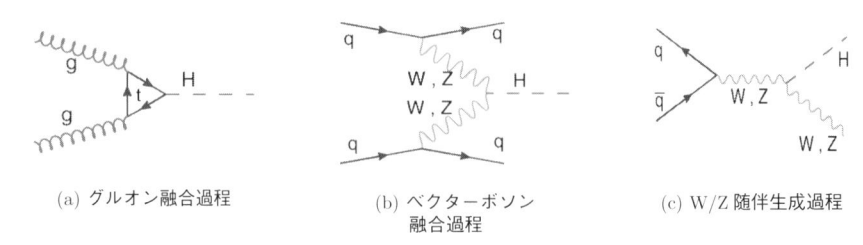

図 6.1　ヒッグス粒子の生成過程: 左側の 2 つの粒子は，衝突する 2 つの陽子のパートンに対応している．右側の粒子は，反応で生成された粒子を示している．(a) グルーオン融合過程，(b) ベクターボソン融合過程，(c) $W^{\pm}/Z^0$ 随伴生成過程．

$$\frac{1}{(t - m_W^2)} \tag{6.1}$$

となる．伝搬関数は，図 6.1(b) の中で仮想的に現れる $W^{\pm}$ 粒子のことを記述する．式中の $-t$ は，$W^{\pm}$ 粒子の運ぶ 4 次元運動量の 2 乗で，式 (4.5) に示したように，近似的に $W^{\pm}$ 粒子の横方向運動量の 2 乗になる．式 (6.1) に m_W^2 がなかったら，伝搬関数は $\sim \frac{1}{P_T^2}$ なるので，$W^{\pm}$ 粒子の横方向運動量 (P_T)，(結果として $W^{\pm}$ 粒子を出して散乱されたクォークの横方向運動量)，がゼロのところに大きなピークを作る．これが光を介したときの振る舞いであり，ラザフォード散乱の特徴である．一方，式 (6.1) のように m_W^2 があるときは，伝搬関数は $\sim 1/(P_T^2 + m_W^2)$ なので，P_T が m_W 程度までは，分母は緩やかな変化をする．このため，大きな P_T をもった現象の頻度が多くなる．これが重いベクターボソン粒子を交換する特徴であり，散乱されたクォークの横方向運動量が大きくなる．これらのクォークは，図 6.2 に模式的に示すように，前後方に高い P_T をもったジェットとして観測される．このようにベクターボソン融合過程を選択的に取り出すことができる．

3.2 節と 3.3 節で，ヒッグス場とゲージ粒子の結合と，ヒッグス場とフェルミ粒子の結合の違いを見た．もし，標準理論の仮定とは異なり，ゲージ粒子とフェルミ粒子の質量の起源が異なる場合は，グルーオン融合過程（実質トップクォークとの結合）とベクターボソン融合過程の比較を通して探ることができる．3.3 節でも述べたが，湯川結合はかなり変な仮定があるので，ひょっとしたらグルーオン融合過程が，標準理論の予想から大きくずれるかもしれない．このような異なる結合タイプの生成過程が存在することで，より縦深な研究が可能になっている．

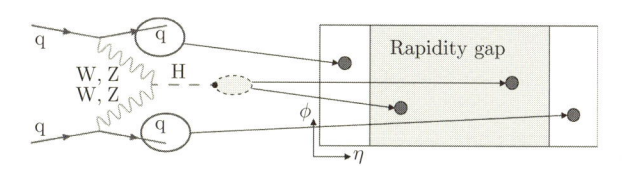

6.1 LHCでのヒッグス粒子生成過程   73

図 6.2　ベクターボソン融合過程で，前後方領域に観測される高い P_T をもったジェット：右の絵は検出器カロリメーターを展開したイメージである．ϕ 方向は円筒形を展開している．

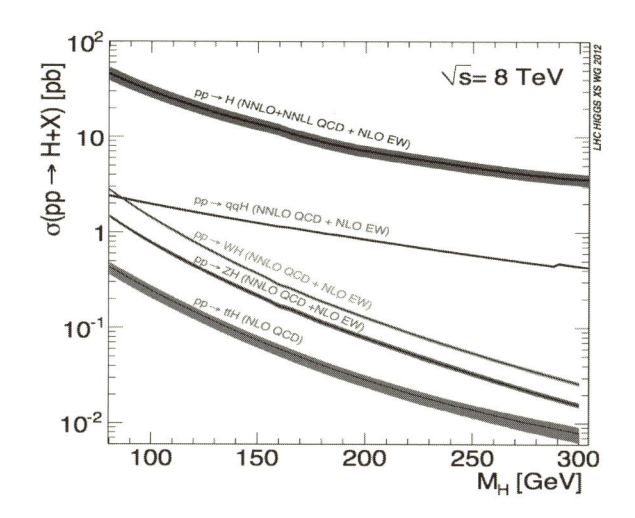

図 6.3　重心系エネルギー 8 TeV での各生成過程の断面積を，ヒッグス粒子の質量の関数として表している．上から $pp \to H$（グルーオン融合過程），$pp \to qqH$（ベクターボソン融合過程），$pp \to WH$, $pp \to ZH$（$W^{\pm}/Z^0$ 随伴生成過程）（LHC Higgs Cross-section WG より引用）．

　この過程の類似の過程として，陽子内のクォークと反クォークから $W^{\pm}$ 粒子が生成され，これから直接ヒッグス粒子が放射されるパターンもある（$W^{\pm}/Z^0$ 随伴生成過程：図 6.1(c)）．LHC は陽子と陽子のコライダーであるため，図 4.8 で示したように反クォークが存在する確率が高くないため，断面積はさらに半分程度になっている．一方で，$W^{\pm}$ 粒子や Z^0 粒子が同時に生成されているので，これらを積極的にとらえることで，バックグラウンドを抑えることができる．

　図 6.3 にヒッグス粒子の質量の関数として，各生成過程の断面積を示す．ベクターボソン融合過程は，反応の親粒子が，両方ともクォークであるため，4.2

節で述べたように大きな運動量を担ったパートンの比率が多く，重くなっても断面積が急激に小さくならない．一方，グルーオン融合過程や，$W^{\pm}/Z^0$ 随伴生成過程は，親のパートンがグルーオンや，グルーオンから生成される反クォークであり，大きな x を担ったパートンの存在確率が急激に小さくなるので，断面積が急な変化をしている．

6.2 ヒッグスの崩壊過程

ヒッグス粒子は，ヒッグス場が励起した状態であり，10^{-21} 秒（6.3 節後半参照）ぐらいの短い時間で，粒子と反粒子の対に壊れてしまう．どんな粒子対に壊れやすいかは，その粒子がどれだけヒッグス場と強く結合するかに依存する．素粒子とヒッグス粒子 H との結合は素粒子の質量に比例する性質があり，結合の強さは，上から W 粒子，Z 粒子，フェルミ粒子の順に，

$$WWH = \frac{e}{\sin\theta_W} \cdot m_W \tag{6.2}$$

$$ZZH = \frac{e}{\sin\theta_W \cos\theta_W} \cdot m_Z \tag{6.3}$$

$$ffH = \frac{\sqrt{2}m_f}{v} \tag{6.4}$$

と質量に比例する形になると期待されている．ここで e, θ_W, v は，素電荷，ワインバーク角（式 (2.2)），真空期待値である．$v = 246\,\mathrm{GeV}$ であり，我々の真空に詰まっているヒッグス場のエネルギー密度に対応する．ここで，トップクォークの質量 $m_t = 173$ GeV を代入すると，$y_t = 0.994$ とほぼ 1 になることがわかる．トップクォークとヒッグス粒子の結合に強さを表している．表 3.1 を参照して，他のクォークやレプトンとの結合の強さを確かめてみるとよい．

この結合の強さから，各粒子対へのそれぞれの崩壊幅は

$$\Gamma(H \to W^+ W^-) = \frac{G_F m_H^3 \beta_W}{8\sqrt{2}\pi}\left(1 - \frac{4m_W^2}{m_H^2} + \frac{12m_W^4}{m_H^4}\right) \tag{6.5}$$

$$\Gamma(H \to Z^0 Z^0) = \frac{G_F m_H^3 \beta_Z}{16\sqrt{2}\pi}\left(1 - \frac{4m_Z^2}{m_H^2} + \frac{12m_Z^4}{m_H^4}\right) \sim \frac{1}{2}\Gamma(H \to W^+ W^-) \tag{6.6}$$

$$\Gamma(H \to f\bar{f}) = N_f \frac{G_F m_H m_f^2}{4\sqrt{2}\pi}\ \beta_f^3 \tag{6.7}$$

となる．ここで G_F はフェルミ定数，β は終状態で放出される粒子の速度（光速 $c = 1$ で規格化）を示し，位相空間の大きさを示している．G_F は，弱い力の結合の強さを表す定数である．少し脱線するが，G_F の意味を考えてみる．結合の強さは，普通は素電荷 e のように，フェルミ粒子と力を伝えるゲージ粒子の結合を強さを表す無次元量である．弱い力も同じように，g という結合の強さである．弱い力が発見された 1930 年当時，弱い力を伝えるゲージ粒子，$W^\pm$ を生成するような高いエネルギーの実験装置がなく[2)]，フェルミ粒子とフェルミ粒子が 4 点（2 つのフェルミ粒子がぶつかって反応して 2 つのフェルミ粒子が出て行くので）で結合していると考えられた．この 4 点結合の強さが G_F であり，$G_F = 1.166 \times 10^{-5}\,\mathrm{GeV}^{-2}$ と極めて小さい値であり，なかなか反応が起きない非常に弱い反応だったのである．加速器による研究が進んで，フェルミ粒子とフェルミ粒子が 4 点結合は，実は，フェルミ粒子が $W^\pm$ 粒子を放出して散乱し（弱い力の 2 重項の上下も入れ替わり），放出された $W^\pm$ 粒子が，別のフェルミ粒子に吸収されて，これを散乱させていることがわかった．これをファインマン図で考えると，W 粒子放出の結合強度 g，$W^\pm$ 粒子の伝搬 $\frac{1}{t - m_W^2}$（式 (6.1) 参照），$W^\pm$ 粒子吸収の結合強度 g の 3 つがまとまって 4 点結合のように見えていたのだ．高エネルギー加速器実験でないと扱うエネルギーは小さいので，すなわち $W^\pm$ 粒子の運ぶ運動量 t は $|t| \ll m_W^2$ なので，$G_F \sim \frac{g^2}{m_W^2}$ だったのである．これを見てわかるように，弱い力は，弱い（g が小さい）からではなく，$1/m_W^2$ で $m_W = 80\,\mathrm{GeV}$ と破格に重かったから弱かったのである．

N_f はカラー因子で，f がクォークの場合，3 つのカラーの組合せが可能なので $N_f = 3$ になる．レプトンのときは $N_f = 1$ となる．全崩壊幅 Γ は，各崩壊幅の和であり，Γ で各崩壊幅を割ったものが崩壊分岐比と呼ばれ，崩壊する先の割合になる．

ここで重要な点は，ゲージ粒子対への崩壊幅は，ヒッグス質量の 3 乗に比例している点である．直感的に言うと，$W^\pm$ や Z^0 の質量は，式 (3.21) で見たように，ヒッグス場のエネルギー差の無い方向の振動によるものであり，ヒッグス場と深く関係しているからである．一方，フェルミ粒子への崩壊は，ヒッグス質量の 1 乗とフェルミ粒子の質量の 2 乗に比例している．結合の強さ y を質量に比例させているからである．例えば，質量の大きなトップクォーク対への崩

[2)] 当時は宇宙線や原子核を使って実験していた時代．$W^\pm$ や Z^0 粒子は，LHC の設置されている CERN で，当時最大だった $Sp\bar{p}S$ 加速器で 1983 年発見された．

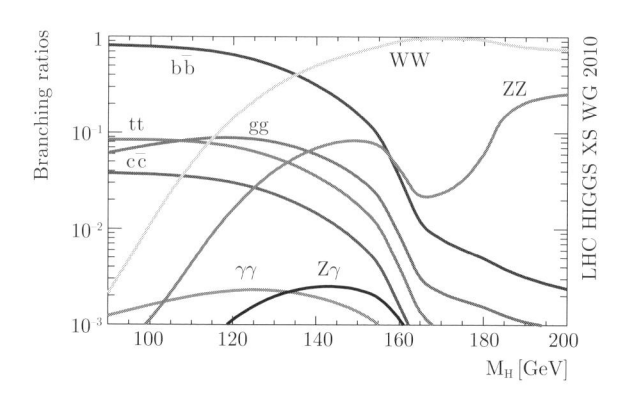

図 **6.4** 崩壊分岐比: 各崩壊パターンの割合をヒッグス粒子の質量の関数として表している.

壊を考える. $m_H m_t^2$ から, 大きな崩壊幅を期待できるが, トップクォーク対への崩壊が可能な 350 GeV より重いヒッグス粒子では, m_H^3 の方が大きくなり, 結果としてトップクォークへの崩壊より, $W^\pm$ や Z^0 粒子対への崩壊が主になる. ヒッグス粒子の質量の関数として崩壊分岐比を図 6.4 に示す. ヒッグス粒子の質量が 130 GeV 付近で大きく変わる. これより重いと, ほとんど W^+W^- と Z^0Z^0 に崩壊してしまい, フェルミ粒子対への崩壊の割合が少ない. なぜゲージ粒子対への崩壊が主になるかは上に述べた理由である. $W^\pm$, Z^0 粒子の質量はおよそ 80 GeV と 91 GeV であるので, ヒッグス粒子の質量が 130 GeV ではこれらの対に壊れることはできないように思われる. ここで, 不確定性原理が面白い現象を引き起こす. $W^\pm$ や Z^0 粒子は短い寿命 (10^{-25} 秒程度, 崩壊幅 2 GeV に対応) をもっている. その結果, 図 2.2 で見たように, 崩壊幅が生じる. これは, 本当は質量が 91 GeV だけど, ブライト・ウィグラー共鳴型の広がりで, 少しずれた質量の状態が, 不確定性原理の範囲内で許されているのである. この効果で, 130 GeV のヒッグス粒子は, 80 GeV の質量の $W^\pm$ 粒子 (on-shell 状態と呼ぶ) と, 50 GeV 以下の質量の W^* 粒子 (off-shell 状態) に崩壊することができるのである.

一方, 120 GeV より軽い場合は, フェルミ粒子対が主になる. 特に第 3 世代のボトムクォーク対 ($b\bar{b}$) とタウレプトン対 ($\tau^+\tau^-$) へが主になる. 質量の無い光子対やグルーオン対になぜ崩壊するのか？グルーオン融合生成過程をひっくり返して考えればよい. トップクォークとヒッグス粒子の結合定数 (トップ

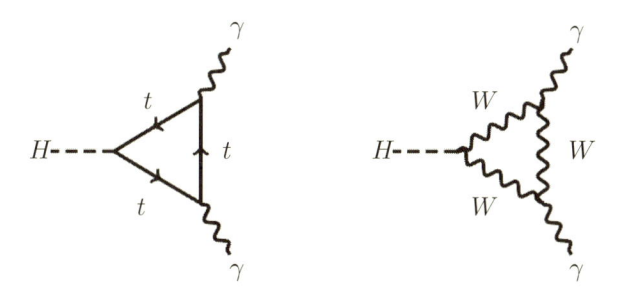

図 **6.5** ヒッグス粒子 (H) が 2 つの γ 線に崩壊する機構.

湯川結合定数）$y_t = 1$ と強く結合する．質量 120 GeV 程度のヒッグス粒子からトップクォーク対を生成するのは，トップクォークの崩壊幅を考えても難しい．不確定性の許す短い時間（10^{-27} 秒程度）だけトップクォーク対になって，すぐにトップクォーク対は対消滅してしまう．トップクォークは電荷やカラー電荷をもっているので対消滅する際，γ 線やグルーオンを放出し，結果としてグルーオン対や γ 線対に崩壊する（図 6.5 左）．トップクォーク以外にも，W 粒子が寄与する（図 6.5 右）．W 粒子はボーズ粒子であり，トップクォークはフェルミ粒子である．8.1 節で述べるように 2 つの効果は逆の符号をもっている．このため γ 線対に崩壊する割合は 0.2% と小さい．

質量 125 GeV のヒッグス粒子の場合，$b\bar{b}$(58%)，W^+W^- (20%)，gg (9%)，$\tau^+\tau^-$ (7%)，$c\bar{c}$(3%)，Z^0Z^0 (3%)，$\gamma\gamma$ (0.2%) の 7 つ崩壊パターンがある．カッコで示した数字は崩壊分岐比を示している．数は 0.2% と低いが，実は $\gamma\gamma$ 対が大切になる．

質量が 120 GeV と 125 GeV では小さい差であるが，発見しやすい崩壊パターンが異なる．質量 120 GeV だと，$\gamma\gamma$ が一番発見しやすく，ついで $\tau^+\tau^-$，W^+W^- が発見しやすいが，125 GeV になると，$\tau^+\tau^-$，W^+W^- よりも Z^0Z^0 が見やすくなってくる．ATLAS 検出器や CMS 検出器の実験グループには世界中から多くの大学や研究所が参加し，それぞれ 3000 人程度の研究者や大学院生が研究している．誰もが自分でヒッグス粒子を発見したいと思っており，グループの中でも激しい国際競争が行われている．限られた研究資源（人や計算機）をどう振り分けて，7 つの崩壊パターンのうち，どの崩壊パターンを精力的に探すかヤマを張らねばならない．「まんべんなく勉強しましょう」とは決して言えないのが研究の最前線である．日本のグループはヒッグス粒子の質量を 120 GeV とヤ

マを張って，$\gamma\gamma$，$\tau^+\tau^-$，W^+W^- の3つの崩壊モードに絞って研究を進めた．Z^0Z^0 の崩壊パターンでの発見は逃したが，$\gamma\gamma$，$\tau^+\tau^-$，W^+W^- の3つの崩壊モードでは大きな功績を残すことができた．

6.3　ヒッグス粒子の探索 (1)　$H \to \gamma\gamma$

　ヒッグス粒子崩壊で放出されたと考えられる粒子対をとらえて，4次元運動量を精密に測定する．そのベクトル和から不変質量を計算する．このようにヒッグス粒子を探索する．ヒッグス粒子以外の反応過程から同じ粒子対がでることも多く，これらはバックグラウンドとなる．素粒子ではない陽子を衝突させているので LHC ではバックグラウンド事象が圧倒的に多い．バックグラウンドが比較的少なめで，なおかつエネルギー運動量の測定精度が高いパターンが有利である．測定精度が高いと，ヒッグス粒子の信号はその質量の狭い領域に集まるので，相対的に S/N 比[3] が良くなるからである．これらの理由により，γ 線やレプトン（電子や μ 粒子）が最終状態の崩壊パターンとして高感度になる．バックグラウンドまで加味して，どの崩壊パターンが，発見能力（125 GeV のとき）が高いかを並べると，(1) ヒッグス (H) $\to \gamma\gamma$ (2) $H \to ZZ \to 4$ レプトン (3) $H \to WW \to 2$ レプトン $+2$ ニュートリノ (4) $H \to \tau^+\tau^-$ (5) $H \to b\bar{b}$ の順になる．

　まず，$H \to \gamma\gamma$ を考える．分岐比は 0.2% とかなり低いが，バックグラウンドが少なく，期待されるピークもシャープなため，一番感度が高くなっている．図 6.6 に ATLAS 検出器で実際に観測された事象を示す．中央が半導体検出器と遷移検出器で構成されている運動量測定装置，その外側に電磁カロリメーターがある．γ 線は飛跡検出器に痕跡を残さず，電磁カロリメーターに吸収観測される．5時と 11 時の方向の箇所に細長い塊が見えるのが，高いエネルギーをもった γ 線である．このような γ 線 2 つが観測されている事象を選んでくる．

　γ 線の 4 次元運動量を測定し，2 つの γ 線の 4 元運動量から再構成した不変質量を図 6.7 に示す．γ 線が出るバックグラウンド事象はたくさんあるが，2 つの関係ない過程から放出された γ 線は独立なので，その不変質量はランダム

---

[3] 信号 (S) とバックグラウンド (N) との比．LHC での実験では，バックグラウンドが多いので，いかに S/N 比の良いモードを探すかが鍵となる．

図 6.6 ヒッグス粒子が 2 つの γ 線に崩壊した事象例 LHC の ATLAS 検出器で観測された（提供:ATLAS 実験）.

な連続分布になる．一方ヒッグス粒子の崩壊で出てきた場合は，ヒッグス粒子の質量に信号が観測される．γ 線のエネルギー測定精度が高いため，質量測定の分解能 ($\sigma = 1.7\,\text{GeV}$) が高く，きれいなピークとなる．図 6.7 に示すように，125 GeV にきれいなピークが観測された．ATLAS 検出器ばかりでライバルの CMS 検出器でも同様のピークが同じ質量のところに観測された．

発見の鍵となるのが，このピークの幅である．この幅が広くなると相対的にバックグラウンドが多くなり S/N 比が悪化する．このピークの幅に 2 種類ある．6.2 節で述べたように，複数の崩壊パターンがあるが，すべての崩壊パターンの崩壊率を足し合わせた崩壊全幅は，ヒッグス粒子の寿命の逆数になる．自然単位系では，エネルギーの逆数が時間になる．この崩壊全幅を「自然幅」と呼ぶ．図 2.2 で見たようにこの幅を半値全幅にもった共鳴曲線になる．ヒッグス粒子の質量 125 GeV のときは，フェルミ粒子対への崩壊が主であり，MeV 程度の自然幅があり，寿命は 10^{-21} 秒程度である．もちろん観測できるような時間スケールではないが，かなり長い．一方，ヒッグス粒子の質量が 200 GeV を超えると，W^+W^- や Z^0Z^0 への崩壊が m_H^3 で大きくなっていき，寿命がど

80　第6章　ヒッグス粒子をとらえる

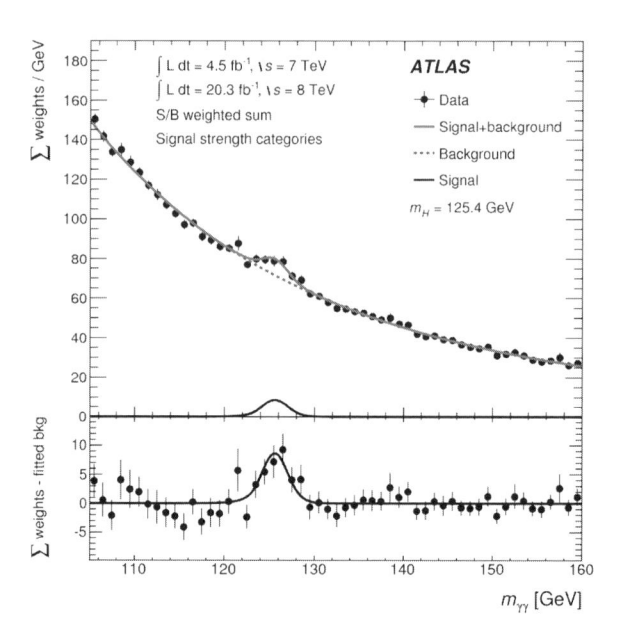

図 6.7　2つの γ 線の不変質量分布:点は観測データ，点線は評価したバックグラウンド分布．下図は，観測データより評価したバックグラウンドの分布を差し引いた分布（論文 Physics Letters B 726 (2013) 88–119 より引用）．

んどん短くなる．質量 200 GeV のときは，自然幅は 1 GeV 程度になり，次に述べる測定の分解能と同程度である．さらに重く質量 1 TeV の場合には，幅は 500 GeV にもなり，もうピークとは言えないモノになってしまう．

　自然幅と相対する幅が検出器の分解能である．これはガウス分布となる．125 GeV のときは，σ で 1.7 GeV（ATLAS 検出器）程度であり，自然幅に比べて圧倒的に大きい．検出器の分解能をいかに良くするかが実験の鍵であり，CMS が $PbWO_4$ シンチレーターを電磁カロリメーターに用いた理由もここにある．

　余談になるが，ATLAS と CMS の $H \to \gamma\gamma$ 競争は，ほとんど同着だった．電磁カロリメーターのエネルギー分解能の差がはっきりしているのになぜか？これが実験の大事な点であり，面白さでもある．原因は2つある．1つは，角度の精度を決める検出器の細かさ (Granularity) にある．クリスタルを用いると，クリスタルのサイズ（cm 程度）より細かな空間分解能が得られない．不変質量 m は，エネルギー情報 E_T ばかりでなく位置情報にも依存しているので

$$m^2 = 2E_{T1}E_{T2}(\cosh(\Delta\eta) - \cos(\Delta\phi))$$

と表される．$\Delta\eta$, $\Delta\phi$ は，2 つの γ 線のなす角度（擬ラピディティーとアズミンシャル角度[4]）である．位置の測定誤差も同様に質量の分解能に効いてくるので E_T の測定精度ばかりでない．

もう 1 つは，エネルギー較正である．LHC は非常に放射線レベルが高い環境で実験している．陽子と陽子が衝突すると，興味のある高いエネルギーのパートン衝突と同時に，エネルギーの低いパートン同士もぶつかって（Underlying 現象と呼ばれている），無数のエネルギーの低い中性子や陽子，π 粒子が放出される．特に中性子の効果で数分の時間スケールで $PbWO_4$ シンチレーターの光量が変化する現象が起こっており，較正に苦労している．中性子のダメージによる長期的な光量や透明度の変化は考慮していたが，短い時間スケールの効果は予想外のものであった．較正をいかに行い，絶対的なエネルギースケールを決めることは，実験装置製作に並ぶ重要な要素であり，これらも含めて，検出器の性能が決まる．これは決して CMS を批難しているものではなく，LHC 実験がいかに誰もやったことのない，耐放射線フロンティアでの難しい実験であるかを示したものである．極限の環境で，新しいことに挑戦する精神が科学の大きな原動力である．

これらの結果，ヒッグス粒子の質量分解能は ATLAS $\sigma = 1.65\,\mathrm{GeV}$（データ採集 2011+2012 年）に対して CMS $\sigma = 1.4\,\mathrm{GeV}$（2011 年），$1.6\,\mathrm{GeV}$（2012 年）になっており，ほぼ同程度であった．余談ついでに，もう少し脱線するが，研究者は概して「オタク」であり，どうしても豪華で面白い実験装置を追求してしまう．私も実験装置を考案していると，つい何かにこだわって，それだけすごい装置にしてしまうことがある．こうして，技術開発が進むのだから，これはこれで大切なことである．しかしその一方で，実験で大事なのは，トータルパッケージなのだなと思うのがこの結果である．バランスのある思考が大切なのかなと考えさせられた．

ここで，γ 線 2 本に崩壊するので，スピン角運動量保存より，親の粒子のスピンは 0 か 2 であることがわかる．スピン 1 の状態は，2 光子にはできない．図 6.1 に示したように，ヒッグス粒子はスピン 1 のグルーオンからできているため，スピン 2 の場合は，γ 線はもともとのグルーオンの方向に出やすくなる．すなわち，ビーム軸に近い前方（後方）に出やすくなる．一方ヒッグス粒子のス

---

[4] アズミンシャル角度 ϕ は $x-y$ 平面に投影した 2 つのベクトルがなす角度を表す．

ピンが 0 だった場合は，ヒッグス粒子が生成されたときに，方向（角度）の情報が失われるため，γ 線は等方的に出る．実験データはスピン 0 を支持している．

6.4 ヒッグス粒子の探索 (2) $H \to Z^0 Z^0$

次に発見感度が高いのが $H \to Z^0 Z^0$ である．Z^0 粒子の質量は 91 GeV なので，ヒッグス (125 GeV) から古典的に Z^0 粒子 2 個に壊れるのは不可能であるが，先に述べたように，Z^0 粒子の寿命が短く，量子力学的な効果で，on-shell 状態（質量 91 GeV）と 91 GeV から大きくずれた状態（off-shell 状態 Z^* と表す）への崩壊が可能になる．Z^0 粒子（Z^* 粒子も同様）はいろいろな崩壊パターン（70%はクォーク対，20%がニュートリノ対，10%が荷電レプトン対）があるが，エネルギー測定精度が高く，バックグラウンドが少ない，電子対かミューオン対に壊れたパターンを選び出す．$Z^0 \to e^+e^-, \mu^+\mu^-$ へ崩壊する分岐比がそれぞれ 3.3%と，かなり少ないために，$Z^0 Z^*$ 状態から電子や $\mu^\pm$ 粒子 4 つへの崩壊確率は，0.4%と数は大きく減ってしまう．2.1 節で見たように，電子と $\mu^\pm$ 粒子と並んで $\tau^\pm$ 粒子も荷電レプトンである．しかし，$\tau^\pm$ 粒子は 10^{-13} 秒程度で壊れて他の素粒子になってしまうため使えない（詳しくは 6.7 節参照）．レプトン 3 世代は同じ性質であるが，重い世代は短い寿命になる．$\mu^\pm$ 粒子も，10^{-6} 秒で崩壊するが検出器のサイズと比較して安定粒子と考えてよい．少し脱線するが，注意深く寿命を見てみる．これまで本書でいろいろな素粒子の寿命が登場したが，一般に 10^{-20} 秒以下と，かなり短い．一方，$\tau^\pm$ や $\mu^\pm$ レプトンの寿命やボトム，チャーム，ストレンジクォークの寿命は，破格に長い．これらの素粒子は，弱い相互作用で崩壊するので，6.2 節で述べたフェルミ結合定数 G_F が破格に小さいからである．寿命が長いので，これらの素粒子は，生成されてから進んで崩壊するまでの飛跡が直接半導体検出器や，写真乾板などで観測できる．

図 6.8 に観測された事象の例を示す．電子・陽電子対とミューオン対の事象である．非常に特徴的でありバックグラウンドが少ない．まず，2 つのレプトン対がある事象を選ぶ．そして一方のレプトン対の不変質量が Z 粒子の質量であることをさらに要求する．こうして選んできた事象の 4 つのレプトンの不変質量分布を図 6.9 に示す．2 つの γ 線のケースを拡張し，4 つのレプトンの 4 次

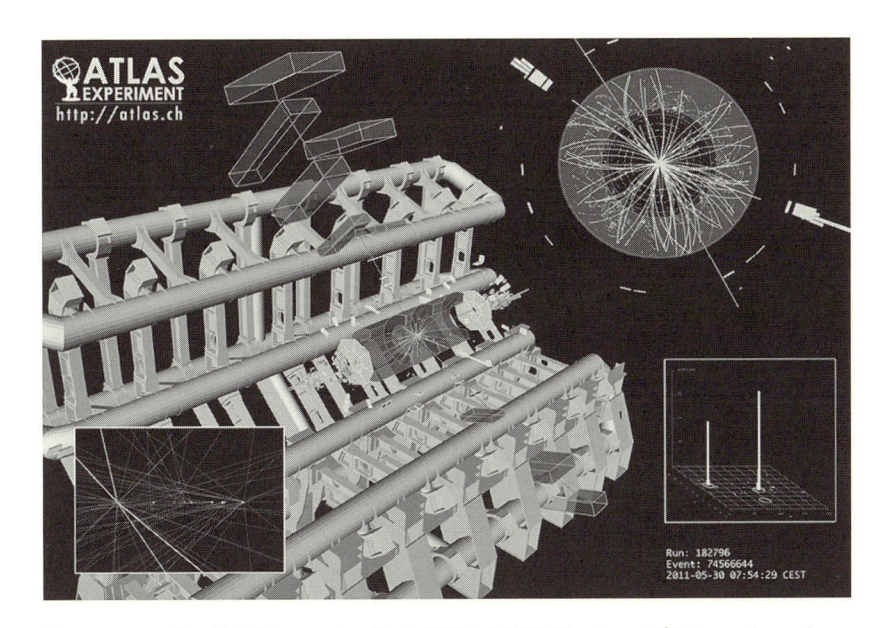

図 **6.8** ヒッグス粒子が 4 つのレプトン崩壊した事象例: $H \to Z^0 Z^* \to e^+ e^- \mu^+ \mu^-$, LHC の ATLAS 検出器で観測された（提供:ATLAS 実験）. 右上の円形断面が, 左下の検出器の中央部分を拡大した断面図である. 電磁カロリメーターのブロックが電子対を示している. 直線のように見える 2 本のトラックがミューオン対を示している. 多数の中央の曲がったトラックは, ヒッグス粒子とは関係のない Underlying 現象などである.

元運動量のベクトル和は, 親粒子の 4 次元運動量になる. この質量が不変質量分布である. 不変質量の測定分解能は, $\sigma = 1.6 \sim 2.2\,\text{GeV}$ と高く, きれいなピークが $125 \sim 126\,\text{GeV}$ に観測された. レプトンの運動量 $P_T < 40\,\text{GeV}$ だと, μ 粒子の運動量分解能が電子より良いため, 4 つとも μ 粒子の場合 (1.6 GeV) の方が, 4 つとも電子の場合 (2.2 GeV) より分解能が良い[5]. まだ統計量が少ないため, 質量の中心値などの誤差が大きいが, バックグラウンドが極端に少なく, きれいなピークが観測されている.

バックグラウンドは, 一方の陽子のクォークと反対の陽子の中の反クォークが衝突・対消滅して 2 つの Z^0 粒子が生成される現象である. このとき, 両方

---

[5] 電子のエネルギーは, 電磁カロリメーターで測定するので $\frac{\Delta E}{E} \sim \frac{1}{\sqrt{E}}$ で高いエネルギーほど良くなる. 一方 μ 粒子の運動量は, 飛跡検出器で測定するため, $\frac{\Delta P}{P} \sim P$ で低い運動量ほど良くなる. 高いと磁場で曲がらなくなるので測定精度が悪くなる.

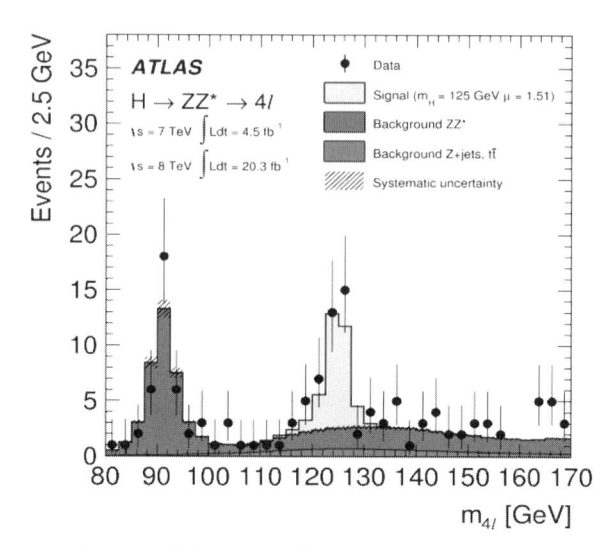

図 6.9 4つのレプトンから構成した不変質量分布：ポイントは実験データを示し，濃いヒストグラムは期待されるバックグラウンドの分布である．125 GeV の淡いヒストグラムは，フィットで得られたヒッグス粒子の信号（論文　Physics Letters B 726 (2013) 88–119 より）．

の Z^0 粒子の質量は 91 GeV 付近（on-shell 状態）が多く，結果として 4 つのレプトンの不変質量は 182 GeV より大きくなる．またクォーク・反クォークが対消滅して Z^0 粒子が 1 つ生成され，レプトン対に崩壊したとき，時々仮想光子も放出（終状態輻射と呼ばれる現象）され，この光子がレプトン対になった事象もバックグラウンドになる．しかし 4 つのレプトンの不変質量ははじめに生成された Z^0 粒子 1 つの 91 GeV である．これが図 6.9 で信号程度の大きさで観測されている．素粒子の実験をしていると「仮想○▽」と呼ばれる量子力学の世界が普通に見えており，対称性で禁止されないこと以外は，すべて起こる世界である．

4 つのレプトンの方向の相関から親粒子のスピンやパリティーの測定が可能である．2.5 節の光のゲージ原理のところで述べたように，横波成分は 2 つの偏極成分をもっている．偏極ベクトルは，パリティー変換で符号が反転するので，ヒッグス粒子から放出される 2 つの Z 粒子の偏極ベクトルの入れ替えに対して対称（パリティー正）か反対称（パリティー負）かを調べることで，スピンの測定が可能である．この測定から，125 GeV の新しい粒子は，スカラー（ス

ピン0パリティー変換に対して正）であることがわかった.

6.5 ヒッグス粒子と思われる新粒子発見

2012年7月4日までに，発見しやすい順に (1) $H \to \gamma\gamma$ (2) $H \to ZZ$ がはっきり観測され，おぼろげながら，次に述べる (3) $H \to WW$ が観測された．これらの結果は質量 125～126 GeV のヒッグス粒子と考えて矛盾がない結果であったうえに，ATLAS，CMS 両グループとも同じ箇所に同じ程度の強さ（数）の信号を発見した．各グループ独立に，(1)～(3) の結果を合わせると，このようなピークがバックグラウンドのふらつきでたまたま見えてしまう確率は，10^{-6} 程度以下 (5σ) である．そこで「ヒッグス粒子と思われる新粒子」発見の宣言したのである．

「と思われる」とついているのは自信がないからでない．新粒子の発見は間違いない．その新粒子がヒッグス粒子であると判断するには3つの条件がある．図 3.4 に模式的に，素粒子の種類を示した．これまで発見されていた素粒子は大きく分けて2つあった．物質を形作るフェルミ粒子と，力を伝えるゲージ粒子（ベクターボソン）があった．この2つを結ぶのがゲージ原理である．ヒッグス場は，これらを囲む真空に潜んだ新しい場である．図では模式的に3極目で表しているが，何か局在化した場ではなく，宇宙全体一様に存在している．2012年7月の段階で観測されているのは，ヒッグス粒子とゲージ粒子との結合だけであって，まだ，フェルミ粒子との結合や，その結合の強さが質量に比例しているところまで確認されていない．またヒッグス粒子は，真空に潜んだ場の励起した状態であるので，真空の性質（スカラーでパリティー変換に対して正）をもっていることの確認も必要である．チェックリストをまとめると

1) ヒッグス粒子とゲージ粒子の結合
2) ヒッグス粒子とフェルミ粒子の結合，結合強度と質量の関係
3) ヒッグス粒子は，スカラー粒子（スピン 0，パリティー正）
4) ヒッグス粒子の質量も，ヒッグス場との結合の強さから決まる（ヒッグスの自己結合）

である．4) はヒッグス粒子の3点結合（ヒッグス粒子からヒッグス粒子2つ

を生成する過程）の測定であるが，これは LHC では非常に難しい．次世代の加速器 ILC（国際リニアコライダー）が必要である．2), 3) の研究のために，2012年 7 月の後も実験を続け，データ量を 2.5 倍にした．このデータで 2), 3) が検証され，新粒子はヒッグス粒子であることが確定した．ヒッグス粒子の質量は，

$$\text{ATLAS} \quad 125.3 \pm 0.41\,\text{GeV}$$
$$\text{CMS} \quad 125.03 \pm 0.30\,\text{GeV}$$

であり，両グループの結果は誤差の範囲内で一致している[6]．

6.6　$H \to W^+W^-$ スピン測定

チェックリスト 3) についてここでまとめる．ヒッグス場は，真空という性質に関係して，特定の方向をもたないスカラー場であり，この場が励起したヒッグス粒子のスピンは 0 である．これは，ヒッグス場が従来の素粒子と全く違う性質であることを示す重要な性質である．$H \to \gamma\gamma$ や $H \to Z^0 Z^*$ でのところでも触れたようにスピンを測定する方法はいろいろあるが，$H \to W^+W^-$ がスピンゼロを決定づける重要な役割を果たしている．

図 6.10 に示した ATLAS 実験で観測された事象のように，$W^\pm$ 粒子が，レプトンに崩壊する場合 ($W \to e\nu$, $\mu\nu$) を考える．2 つの荷電レプトンがバランスしないように放出されており，バランスしない分は，2 つのニュートリノが運んでいる．図 6.11 に模式的に $H \to WW$ 崩壊を表している．スピンが 0 だと，放出される W 粒子のスピンは，必ず逆方向になる．図中では両方の W 粒子のスピンが進行方向と同じになっている．逆に，両方の W 粒子のスピンが逆方向でもよい．2 つのスピンが逆向きである必要がある．一方，スピンが 2 の場合は，合成スピンが 2 になるように 2 つのスピンは同じ方向を向いている．

W 粒子は弱い力を伝える素粒子であり，3.1 節に示したように，弱い力では 100%パリティーが破れて，左巻きにしか結合しない．このことから荷電レプトンのスピンは，親の W 粒子のスピンと相関をもち，2 つの荷電レプトンは，同じ方向に出やすくなる（図 6.11 参照）．実験データはスピン 0 と一致しており，ス

---

[6] ATLAS, CMS 両グループの結果を統合すると $125.09 \pm 0.24\,\text{GeV}$（2015 年春での暫定値）で 0.2%の精度でヒッグス粒子の質量が確定した．

ピン 2 を確度 99.9%で排除した．こうして，この新粒子のスピンが決定された．

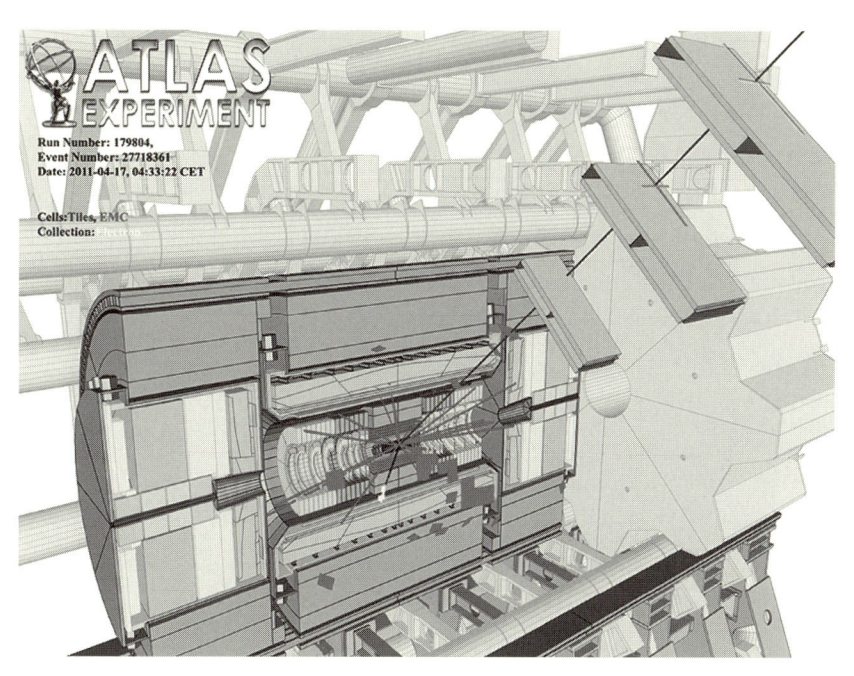

図 6.10 ヒッグス粒子が W^+W^- に崩壊した事象 $H \to W^+W^- \to e\nu\mu\nu$ （提供 ATLAS 実験）．右上へのびているトラックがミュー粒子，左下の短いトラックの先に電磁カロリメーターにブロックが見えているのが電子である．この 2 つでバランスしない，ニュートリノが含まれていることを示している．

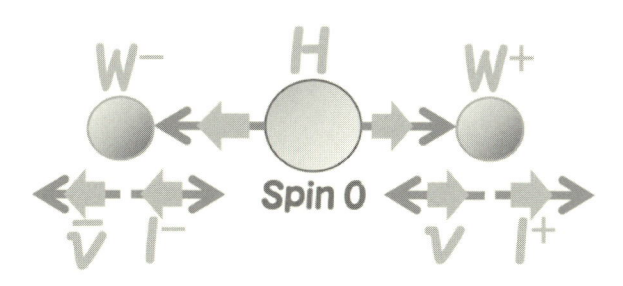

図 6.11 ヒッグス粒子，$W^\pm$ 粒子のスピンとレプトンの向きの関係．

6.7 フェルミ粒子との結合・質量の起源

3.3節で述べたように，物質を構成するフェルミ粒子とヒッグス粒子の結合には，少し怪しさがある．何桁も違いがある湯川結合定数は，さまざまなフェルミ粒子の質量を置き換えただけだからである．フェルミ粒子 (f) の湯川結合 (y_f) を測定し，質量との関係を解明する必要がある．これがチェックリスト2) である．第3世代のうち，トップクォーク対への崩壊は質量の関係から難しく，ボトムクォーク対と $\tau^+\tau^-$ の2つが測定できる．またトップクォークの y_t は，グルーオン融合生成過程の測定した断面積からトップクォークのループ（図 6.1）が主な寄与であると仮定して，評価することができる．こうして第3世代の湯川結合を測定する．

τ の結果についてここで述べる．τ は，ニュートリノを含む複数の粒子に崩壊する．タウの質量は 1.777 GeV とタウの運動量に比べて小さいため，崩壊で出てくる粒子は図 6.12 に示すように狭い角度に集まる．この特徴を用いて τ 粒子を見つけだす．さらに τ 粒子の崩壊から放出されるニュートリノも他の粒子とほぼ同じ方向に出ているので向きはわかっている．ヒッグス粒子は $\tau^+\tau^-$ に

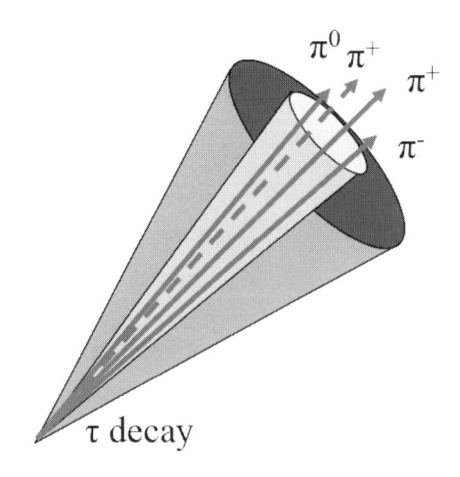

図 6.12 τ 粒子の崩壊の例．ニュートリノと複数のパイ粒子に崩壊している例．弱い力で崩壊するため，τ^- 粒子は，off-shell 状態の W^- 粒子を放出し，2 重項の上側の ν_τ に変わる．W^- 粒子は，クォーク対に崩壊し，これからパイ粒子が生成される．典型的な弱い力の崩壊パターンである．

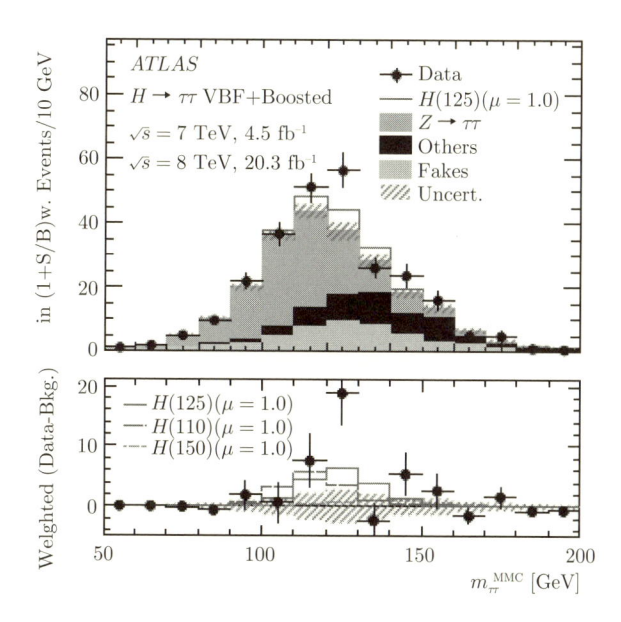

図 **6.13** 再構成した2つの τ 粒子の不変質量分布: 上図は, 観測されたデータ, 色つきヒストグラムは, バックグラウンドの分布, オープンヒストグラムは, 125 GeV のヒッグス粒子の寄与を示している. 下図は, 観測されたデータから期待されるバックグラウンドを差し引いた分布. 3つの異なる質量 (110, 125, 150 GeV) のヒッグス粒子の期待される分布と比較している (論文 JHEP04(2015) 117 より).

崩壊するため, ニュートリノ2つが放出される. その合成ベクトルが, 横方向消失エネルギー (mE_T) として観測されるので, ニュートリノの向きがわかっているから, それぞれのニュートリノの横方向運動量 P_T を決めることができる. こうしてニュートリノを含んでいるにもかかわらず, $\tau^+\tau^-$ の不変質量を再構成することができる. 分解能は mE_T の測定精度に支配され $\sigma \sim 10\,\mathrm{GeV}$ 程度と他の電子やミューオン, 光子に比べると悪いが, このアイデアが大きなブレークスルーとなった.

上で述べた方法で τ 粒子を2個探し, ニュートリノ補正をした $\tau\tau$ の不変質量分布を図 6.13 に示す. 91 GeV を中心とした青色の分布は, Z^0 粒子が生成し, $Z^0 \to \tau\tau$ へ崩壊したバックグラウンドである. このバックグラウンドを抑制するために, 図 6.2 の方法を用いて, ベクトルボソン融合生成過程からの事象を積極的に選んである.

図 6.13 上図で実線で示したヒストグラムは，観測された実験データと，バックグラウンド（色つきヒストグラム）と質量 125 GeV・標準理論ヒッグス粒子から期待される $\tau\tau$ の不変質量分布である．実験データは，バックグラウンド＋ヒッグスの分布とよく合っている．見やすくするために，実験データから期待されるバックグラウンドを引いたものを下図に示している．実線は，質量 125 GeV の標準理論ヒッグス粒子の期待されている信号であり，観測されたデータは，期待されている信号の量と誤差の範囲で一致している．これは，フェルミ粒子の質量の起源もヒッグス粒子であることを示している．期待される大きさの湯川結合があったのだ．

ヒッグス粒子がボトムクォーク対に崩壊する分岐比は，一番多い．しかし，バックグラウンドが多くまだ精度が悪い．2012 年までの全データで 2σ 程度の有意さでバックグラウンドよりデータの方が少し多く観測されて，125 GeV 標準理論ヒッグス粒子から期待される信号数とほぼ一致する．

図 6.14 の縦軸にヒッグス粒子との結合の強さを，横軸にその素粒子の質量をプロットしたものである．Z, W 粒子と，第 3 世代の 3 つのフェルミ粒子についての結果と誤差を 2012 年までの全データを用いて評価している．まだ誤差が大きいが，点線で表した 1 本の直線に乗っている．これは発見されたヒッグス粒子が「質量の起源」であることを示している．もし，他の機構や複数のヒッグス粒子がある場合は直線からずれる．例えば超対称性理論では，弱い力の 2 重項で，上側（トップクォーク）と下側（ボトムクォークや τ レプトン）では異なるヒッグス場が質量を与えている．この場合は，1 本の直線から少しずれる．まだ 10%程度の精度ではあるが，実験結果は 1 つのヒッグス粒子，すなわち標準理論の予言するヒッグス粒子と一致している．これから，測定精度を高め，複数のヒッグス粒子が寄与していないかを厳密に確かめることが重要である．

もう 1 つ，注目することがある．$H \to \mu^+\mu^-$ も探索されていて，2012 年までの全データではまだ発見されていない．図では上限値が示されているだけになっている．表 3.1 に示したように，μ 粒子は軽い第 2 世代であり，湯川結合が小さい．μ 粒子の信号をとらえるにはあと 5 倍ぐらいデータを取得する必要がある．そう言ってしまうと不思議に思わないかもしれないが，この結果は，世代の違いを作っているのが，ヒッグス粒子との結合の強さ，すなわち湯川結合の大きさであることを示している．湯川結合の大きさ以外は，第 1 から 3 世代の性質は全く同じである．湯川結合が極めて小さい性質の素粒子が，電子など

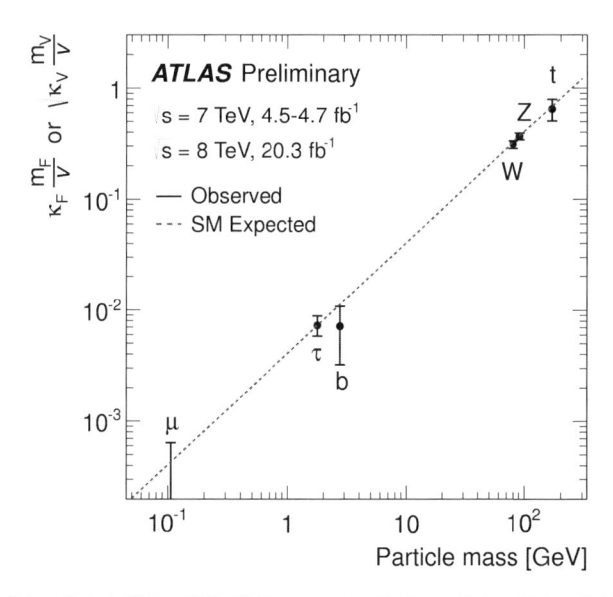

図 6.14 結合の強さと質量の関係:縦軸はヒッグス粒子との結合の強さ,横軸は素粒子の質量を示している.データの帯は測定誤差 (68%の確度) を表している.点線で示した直線は,標準理論の予想であり,結合の強さが質量に比例している(提供 ATLAS 実験).

の第1世代を構成し,湯川結合が,小さい性質の素粒子が,μ粒子などの第2世代を構成,ほどほどの大きさの素粒子が第3世代を構成している.そしてこの3世代で終わっているのである.素粒子の世代3世代を理解するうえで,真空(ヒッグス場)が鍵であることを暗示している結果である.例えば,超弦理論では,それぞれの世代がそれぞれ別の4次元時空の膜の上にあり,ヒッグス場も別の膜の上に存在している.第3世代の膜は,ヒッグス場の膜に近く,逆に第1世代は遠いなどと考えている.SF のような話である.

第7章 ヒッグス粒子発見の意味と新たな謎

ヒッグス粒子は，標準理論で唯一未発見の粒子であり，その発見の一義的な意味は，素粒子の質量の起源の解明と標準理論の完成にある．しかし，ヒッグス粒子発見の本当の意義は，これから述べる2つの点にある．

7.1 ヒッグス場と宇宙の誕生

真空にエネルギーを与え，励起させた結果が，ヒッグス粒子であり，これは真空に何かスカラー場（ヒッグス場）があることの証拠である．端的に言ってしまうと，ヒッグス粒子はどうでもよくて，真空にヒッグス場が隠れていることがわかったことがすごいのである．真空は，基底状態という意味で空っぽという意味ではない．すでに図3.4に模式的に示したように，我々の宇宙の真空にヒッグス場が満ちており，これが他の素粒子に質量を与えているのである．

何かが詰まった変な状態が，我々の住んでいる宇宙の基底状態なのである．3.2節で述べたように，何も詰まっていなかった対称性の高い状態にあった宇宙が，自発的に対称性が破れ，ヒッグス場が満ちた状態に相転移した．このような真空の相転移と真空のエネルギーによって宇宙が誕生・進化してきたという現代宇宙論の根幹をなすアイデアであるが，初めての実験的な証拠が，このヒッグス場の発見である．どのくらいヒッグス場に満ちているのだろうか？何かスカスカなイメージをもたれるかもしれないが，真空に詰まっているヒッグス場の強さを表すのが，真空期待値 $v=246\,\text{GeV}$ である．密度は $v^4 \sim 1\times 10^{50}\,\text{GeV/cm}^3$ となる[1]．真空には，すごいエネルギーが詰まっていることになっている．この謎については，後に述べる．

---

[1] 陽子およそ 10^{50} 個が1 ccに詰まっているエネルギー密度である．自然単位系で，典型的な長さは典型的なエネルギーの逆数なので単位体積 L^3 は v^{-3} になる．

物理学の大まかな歴史と「統一」

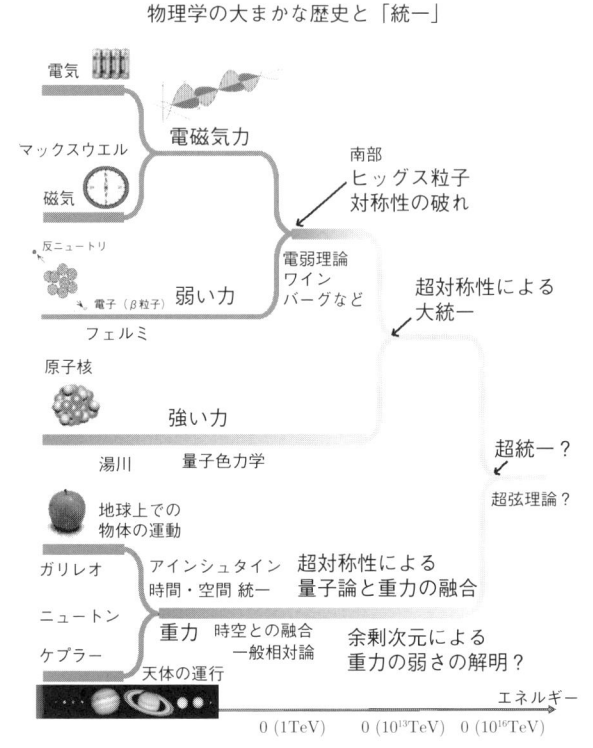

電気
マックスウエル
磁気
電磁気力
南部
ヒッグス粒子
対称性の破れ
反ニュートリノ
電子（β粒子）
弱い力
フェルミ
電弱理論
ワインバーグなど
超対称性による
大統一
原子核
強い力
湯川
量子色力学
超統一？
超弦理論？
地球上での
物体の運動
ガリレオ
ニュートン
ケプラー
アインシュタイン
時間・空間 統一
超対称性による
量子論と重力の融合
重力
時空との融合
一般相対論
余剰次元による
重力の弱さの解明？
天体の運行

エネルギー
0 (1TeV)　0 (10^{13}TeV)　0 (10^{16}TeV)

図 7.1　力の統一の歴史.

　またこうした真空の相転移によって，4つある自然界の力が分化して今の形になったと考えられている．図7.1に示すように，力はもともと1つだったと考えられている．自発的に対称性が破れ，真空が相転移するごとに，力が分化していったと考えられている．今回発見されたヒッグス場の相転移で，電磁気力と弱い力が分離した．3.3節で見たように，この2つは混合していて同じようなものだった（式(2.2)参照）．しかし，宇宙誕生10^{-10}秒後の相転移で，ヒッグス場が真空に満ちて，弱い力を伝えるゲージ粒子が重くなり，電磁気力と分離した．ヒッグス場の発見は，この分離（逆の言い方をすれば「電弱統一」）の実験的な証拠である．

　もっと宇宙の初期に何が起こったのか？ここから先は，まだ仮説であり実験事実ではない．第8章で述べる超対称性が発見されると，電磁気力と弱い力は

かりでなく，強い力まで一緒の力だったことがわかる（図7.1）．この1つだった力が分離する相転移が宇宙誕生約 10^{-34} 秒頃に起こったと考えられている．この時間は，大統一のエネルギーから計算している．この相転移も，宇宙が冷却し自発的に対称性が破れ，「色付きヒッグス場」が真空に充満したために起こった．「色」の意味は，強い力の元となる「色電荷」を示すもので，これが真空に充満したことで，色のあるクォークと色のないレプトンが分離した．

クォークもレプトンももともとは同じ粒子だったと考えられる．水素原子の電荷を計ると，ゼロである．不思議に思わないかもしれないが，原子核の電荷 $+1e$ は，クォークが担う電荷である．電荷 $-1e$ は，レプトンである電子が担っており，この2つが符号を除いて同じであるから水素原子は中性になっている．クォークとレプトンはどこかでつながっているのである．レプトンもクォークももともとは同じ粒子であり，真空に色電荷に関係したヒッグス場が詰まることによって，レプトンとクォークが違うものように見ているのだろう．このように，真空の相転移が宇宙の現在の多様性の源である．

相転移に関係するエネルギーが宇宙にどういう現象を引き起こすのであろうか？宇宙論によると，宇宙項 $\Lambda (>0)$ があるとき，宇宙のスケールファクター a は

$$a = a_0 \exp(\Lambda t) \tag{7.1}$$

と指数関数的に大きくなる（インフレーション）．図7.2に模式的に，宇宙のエネルギーポテンシャルを示す．横軸は，何かのスカラー場の値である．左図は，対称性がある状態で，スカラー場の値がゼロのとき，エネルギーが最低になっている．宇宙のポテンシャルが，右側のように変化した場合，スカラー場が特定の値になった方が，エネルギーが低くなる．こうして自発的に対称性が破れ，特定の値（真空期待値 $\langle v \rangle \neq 0$）をもつようになり，宇宙全体の状態が変化（相転移）する．この特定の状態に落ちるまでは，短い時間ではあるが，宇宙はまだ真空期待値がゼロの対称性を破っていない状態にある．この状態のポテンシャルはゼロでなく高い（偽真空状態）．

真空のスカラー場は，何か特定の"粒"が担っているわけでなく，宇宙全体に一様にある．宇宙の大きさが変わっても，場は薄まることなく，普通のエネルギー密度のような振る舞い（物質密度 $\sim a^{-3}$ や輻射密度 $\sim a^{-4}$）とは違って，宇宙項 (Λ) のように定数として振る舞う．式 (7.1) が示すように，この状態で宇

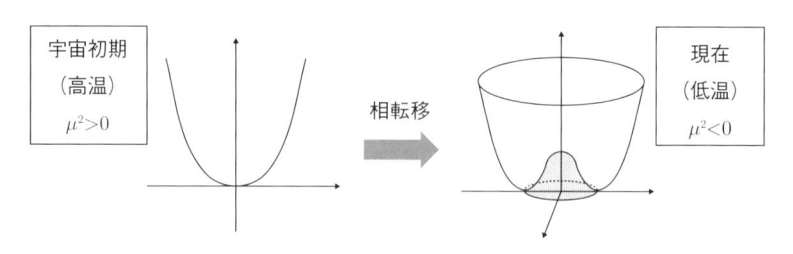

図 7.2 宇宙の相転移：（左）宇宙初期は対称性が高い状態が安定状態（右）宇宙の温度が下がり，ポテンシャルの形が変形し，対称性が高い状態が不安定になる．こうなると自発的に対称性が破れ，相転移が起こる．

宙はインフレーションを起こし，40桁近く空間が膨張したと考えられている．

インフレーションを起こした場が，図7.2右側のように，基底状態（真空）に落ち着いたとき，ポテンシャルの差が潜熱として解放される．宇宙の大きさが40桁程度も大きくなったので，宇宙全体としては，潜熱の大きさは40桁も大きくなる．これが，ビッグバンのエネルギーの源であると考えられている．こうして，「無」の宇宙からエネルギーと物質に満ちた宇宙が誕生した．真空のエネルギーが，インフレーションとビッグバンのエネルギーを生んだのである．このインフレーションを起こしたスカラー場が，先に述べた色付きヒッグス場なのか，別のスカラー場なのかは不明ではあるが，ヒッグス粒子の発見は，インフレーションシナリオを間接的にサポートする実験結果である．

1998年に遠方の超新星爆発の測定を通して，70億年ぐらい前から宇宙が再び加速的な膨張を始めていることがわかった．この加速膨張の源と考えられているのが，「ダークエネルギー」と呼ばれているものである．もしこれも何かのスカラー場が起こしていると考えると，図7.2のポテンシャルで我々の宇宙はまだ完全にゼロエネルギーに落ち着いているわけでなく，まだ少しだけ高い状態にいることになる．このエネルギーが式 (7.1) に示したように宇宙膨張を加速している．この場が何なのか？発見されたヒッグス場でも色付きヒッグス場でもなく，エネルギーの相当低い場（真空期待値の大きさが $\sim$ meV）である．ちなみにヒッグス場は $246\,\mathrm{GeV}$，色つきヒッグス場は $10^{16}\,\mathrm{GeV}$ 程度であるので，その異常な小ささがわかる．まだこのダークエネルギーに対応する素粒子像がわかっていない．

7.2　ヒッグス粒子発見が生んだ新たな謎

　ヒッグス粒子の発見で，「標準理論」が完成し究極の理解が完成したのだろうか？ヒッグス粒子の質量 125 GeV は，至極「不自然」なのである．先に述べたように，素粒子の世界では「仮想○△」が当たり前のように起こっている．図 7.3（左）にヒッグス粒子が，ある瞬間にトップ粒子対に変化し，また元のヒッグス粒子に戻っている過程を示すが，こんな現象も普通に起こる．トップクォークは重く，ヒッグス粒子とトップクォークの結合が非常に大きい．したがって，図に示すような現象が頻繁に起こり，結果としてヒッグス粒子は，仮想状態のトップクォークの運動量程度の大きな質量になるはずである．どこまで小さい距離のスケール（不確定性原理からどれだけ高い運動量）が許されるかに依存するが，先に述べた大統一のスケールだと思うと，ヒッグス粒子の質量は 10^{16} GeV 程度のはずである．しかし，観測された質量は 125 GeV で 14 桁もの差がある．

　量子力学の仮想的な寄与は，ヒッグス粒子特有のものではない．電子や光などの素粒子にも普通に起こっている．例えば光は，ある瞬間に電子と陽電子の対になり，次の瞬間また光に戻っている．図 7.3（左）と似たようなことが絶えず起こっているのである．ヒッグス粒子に問題で，電子や光にはなぜ問題にならないのか？ヒッグス粒子は，新しいカテゴリー（スピン 0）である．電子や光のような，フェルミ粒子，ゲージ粒子には，それぞれカイラル対称性，ゲージ対称性という基本原理（3.1 節）があった．この対称性のおかげで，質量ゼロが厳しく保証されている．このような対称性があるので，仮想的な粒子の効果

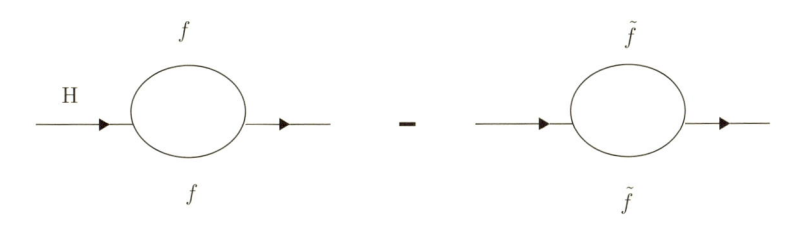

図 7.3　ヒッグス粒子の質量への量子力学的な補正：（左）仮想トップクォークによる補正 (右) 超対称性がある場合，スピンが 0 のトップクォークのパートナーによる補正．

はすべて観測される質量や電荷に繰り込むことができる．

このようにスピン0のヒッグス場にも何か基本原理が必要であり，これが無い場合には，先に述べたように無茶苦茶重くなるはずである．その基本原理はいったい何なのだろうか？その一番の候補が超対称性である．これはスピンが1/2だけ違う素粒子の対称性であり，これがあるとスピン0のヒッグス場にも1/2のカイラル対称性があることになる．これだけだけ聞くと何か怪しい詐欺にあった感じであるが，図7.3（右）を見てもらいたい．もし超対称性が存在すると，スピンが1/2だけずれた，スピン0のトップクォークのパートナーが存在し，右図の仮想的な効果も必ずある．スピンが1/2だけずれるとボソンにはフェルミ粒子が，フェルミ粒子にはボソンが対応する．8.1節で示すが，このような仮想的な効果は，フェルミ粒子に対しては負，ボソンに対しては必ず正になる．正負が逆の量子効果が必ず存在するので，相殺し合ってかならず，仮想的な効果で生じる質量はなくなるのであり，ヒッグス粒子の125GeVの質量が自然に説明できる．

新たな謎はこれだけではない．ヒッグス場の真空期待値 $v = 246\,\text{GeV}$ は非常に高いエネルギー密度であることはすでに述べた．ポテンシャルエネルギーの原点は調整すればいいと思われているかもしれない．力学や量子力学では，ポテンシャルは相対的な差が大事で絶対値に重要な意味がない．この常識が成り立たないのが，重力である．エネルギーと質量は等価であり，エネルギーのあるところは時空が歪んで重力が生じている．これがアインシュタイン方程式である．エネルギーや質量があると，時空の計量が平坦である，式(2.9)からずれ，これが結果として重力として観察される．ヒッグス場の真空期待値 はかなり大きく，宇宙の時空を大きくゆがめるはずである．しかし，実際の宇宙はかなり平坦である．この真空の大きなエネルギーをどうするのか？第9章でもう一度考える．

このようにヒッグス粒子の発見は，真空の意味を変える大きな変革であり，初期宇宙の解明につながる大きな成果である．反面，新しい性質の粒子を導入したため，何か新しい対称性の存在が不可欠である．その意味でヒッグス粒子の発見は，新しい標準理論を超えた新しい理論の存在を裏打ちするものでもある．その新しい理論とは何なのか？

第8章 超対称性と時空

8.1 スピンと空間の関係

　量子力学の授業でスピンを学んだとき，何かよくわからない不思議なものだったと思う．2.3節で触れたように，スピンは素粒子固有の性質であると同時に，角運動量と関係している．角運動量 L は，空間の回転対称性と関係しており，回転のオペレーターになっている．Z 軸を中心に角度 θ だけ回す場合は，Z 方向の角運動量 L_z を用いて

$$U = \exp(-iL_z\theta) \tag{8.1}$$

となる．2.3節で述べたように，$L+S$ が本質的な保存量なので，スピンについても Z 軸で量子化したスピン S_z に対して（簡単のため $L=0$ とする）

$$U = \exp(-iS_z\theta)$$

となる．$S_z = \pm 1$ のゲージ粒子（スピン 1）の場合，$\theta = 2\pi$ の回転で，元に戻る．一方 $S_z = \pm 1/2$ のフェルミ粒子の場合は，$\theta = 2\pi$ では，正負が逆になり，4π 回転して初めて元に戻る．スピンは素粒子が空間をどのように見えているか示している．

　スピン 1/2 の粒子は 2 回転して元に戻っている．この空間の性質がいろいろなところに現れている．図 8.1 に同種粒子 2 つが存在する場合を考える．粒子 A と粒子 B が同じ状態にいるとする．量子力学は粒子 A も B も区別しないので，A-B の状態（左）と，B-A（右）の状態の 2 つ考えないといけない．左の状態の粒子 A を B の場所にもっていき（π の回転），B を A の場所にもっていく（π の回転）を行うと，右の状態 B-A になる．π 回転 2 回で 2π の回転をしている．もしこれが，ボーズ粒子なら，符号が変わらないので同じ波動関数になり，加えて 2 乗すると 4 倍になる．これがボーズ凝縮した状態であり，レー

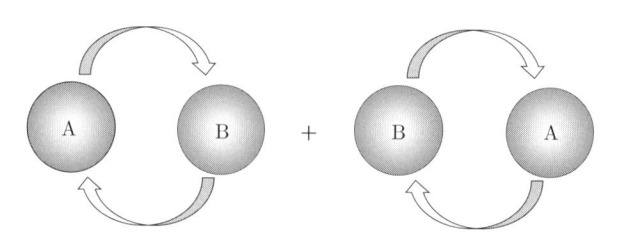

図 8.1　パウリの排他律. $180 + 180 = 360°$ の回転.

ザーの光子や超伝導状態の電子対（クーパー対）が対応する．

これがフェルミ粒子の場合は，符号が入れ替わり，A-B と B-A の波動関数を足すと常にゼロになる．そんな状態は起きないことになる．これがパウリの排他律である．化学で原子の軌道に決まった数の電子しか入らない理由がこれであり，豊かな化学反応が起こるのが，この性質によるものである．電子や核子の排他律が原子や原子核を支えたりする（フェルミ縮退）．恒星の晩年の姿である高密度の星である白色矮星や中性子星は，それぞれ電子や核子の排他律で成り立っている．このように，スピンの回転の性質でこの世界の面白さが生じている．

このスピンの回転の性質は第 7 章の最後で話したヒッグス粒子の質量への量子効果でも重要である．フェルミ粒子は，1 回転すると符号が逆になり，ボーズ粒子は符号が元に戻る．もし，同じ結合定数，質量をもったボーズ粒子とフェルミ粒子が対でいれば，図 7.3 で発散は必ず相殺する．こうしてヒッグス粒子の質量は 125 GeV であることが自然になるのである．

8.2　超対称性粒子とは

フェルミ粒子とボーズ粒子をセットにして考えるのが超対称性である．それぞれの素粒子には，対応する超対称性パートナーが存在し，フェルミ粒子とボーズ粒子でセットになり，他のすべての性質（質量や電荷など）が同じである．図 8.2 に示すように，標準理論のフェルミ粒子（スピン $\frac{1}{2}$）に対しては，スカラーフェルミオンと呼ばれるボーズ粒子（スピン 0），ボーズ粒子であるゲージ粒子（スピン 1）に対しては，ゲージーノと呼ばれるスピン $\frac{1}{2}$ のフェルミ粒子を対応させるのである．ヒッグス粒子が大事なのでなく，ヒッグス場が本質で

8.2 超対称性粒子とは

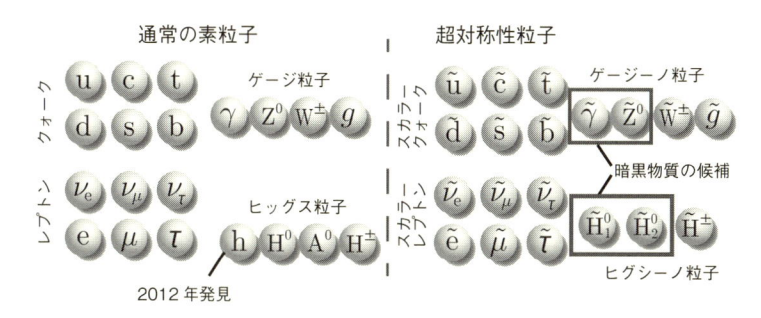

図 8.2 超対称性理論での素粒子テーブル:左側が標準理論の粒子で,右側がスピンが $\frac{1}{2}$ だけ違う超対称性パートナー.

ある.ヒッグス場は,2つの複素スカラーがセット(弱い力なので2重項状態)になったものであった.超対称性にした場合は,そのようなセットが2つ必要になる.4つの複素スカラー場があることになる.複素スカラー場の超対称性パートナーは,4つのヒグシーノと呼ばれるスピン1/2のフェルミ粒子である.複素スカラー場が4つあると,実スカラー場の数は8になる.うち3つは,式 (3.21) のように $W^\pm, Z^0$ 粒子の縦波になるので,残り5つの自由度がヒッグス粒子として観測されることになる.したがって,ヒッグス粒子が5種類ある.1つが今回発見されたヒッグス粒子で,残りは少し性質や質量が異なる.図中で h と記されているヒッグス粒子が,標準理論でのヒッグス粒子 H_{SM} に似ていると考えてられおり,今回発見されたヒッグス粒子と思われる.一方残りの4つ $H^0, A^0, H^\pm$ は,少し性質や質量が異なり,大きな質量をもっていると思われている.

もし超対称性が完全な対称性なら,粒子とその超対称性パートナーの質量は,全く同じである.しかし,光の性質をもった質量ゼロのフェルミ粒子も,電子の性質をもった質量 511 KeV のスカラー粒子も存在していない.これは,超対称性が少し破れて,右側の超対称性パートナーが重くなっているからだと考えられている.破れた超対称性を伝えてくる機構がいろいろある.重力しか感じない粒子による伝搬(超重力機構),ゲージ結合で伝搬(ゲージ伝搬),アノマリーの効果(アノマリー伝搬)[1] などである.それぞれの機構で,一長一短

---

[1] アノマリーとは,仮想〇△のような量子的な効果を考えないときにある対称性が,量子的な効果で破れてしまう現象である.非常に高いエネルギーの未知の場で何か超対称性が破れたときに,量子的な効果で我々の住んでいるエネルギーの超対称性粒子の質量に影響が及ぶことである.

があり，LHC での見え方も異なるため，ここでも実験のヤマをはらないといけない．破れの機構やどのように見えるかは，それだけで 1 冊になる内容であり，興味のある人は参考図書を参照されたい．

8.3 超対称性の切り拓く新しい世界 (1) ヒッグスの階層性

なぜ，粒子の数を 2 倍にする変なことをするのだろうか？ 2.2 節で反物質が登場した経緯を思い出してもらいたい．反物質は，時間と空間を統一した"時空の対称性"の中では自然に出てくるものであり，時間を遡っている粒子が反物質のように見えているだけだった．我々が時間を遡る粒子がわからないので，反物質という変なモノとしてとらえたにすぎない．

マクロな世界では，ローレンツ対称性で空間の回転対称性があり角運動量が保存（付録参照）していたが，ミクロの世界では普通の空間の回転対称性だけでは不十分で，スピン空間まで加えて初めて保存量になることを 2.4 節で見た．すなわち，ミクロな物体は，空間とスピンを合わせた空間を見ていて，合わせた空間で回転対称性がある。このように，スピンは素粒子の固有の性質（素粒子の内部対称性）であると同時に，時空（外部対称性）の両方に関係した性質であり，時空と素粒子を結ぶ重要な性質である．これが，スピンに期待している理由である．

超対称性は，どんな世界を切り拓くのだろうか？ 20 世紀の 2 つの金字塔は，一般相対性理論（時空）と量子力学（素粒子）である．この 2 つを融合する試み（重力の量子化）がこの 100 年近く進められてきたが，うまく行っていない．なぜなら，この 2 つを上手に結びつける原理がわかってないからある．関係がうまくつけられないから，融合もできないのである．「超対称性」という性質は，この両方と関係するものであり，2 つを結ぶミッシングリンクである考えられている．

もちろん LHC で超対称性粒子が発見されて，すぐに量子重力理論ができあがるわけではない．超対称性という性質を，局所的な対称性にしたうえで，時空はこれまでの量子力学ではパラメータだったが，これ自体を対象として量子化する方法を作っていかなければいけない．しかし，ミクロな素粒子が見ている「時空」が我々の見ている 4 次元時空だけでなく「スピン空間」まで拡張し

8.3 超対称性の切り拓く新しい世界 (1) ヒッグスの階層性

たものであることがわかる重要な一歩である.

さらに超対称性は, ヒッグス粒子の質量の問題（階層性問題), 暗黒物質の候補や力の大統一の示唆など多くの優れた性質を有している.

第7章の最後に述べたように, ヒッグス粒子の質量への量子的な補正が大きくなる問題は, 超対称性があると解決される. しかし, そもそも, 大統一 (GUT) や Planck スケール（これより高いエネルギーでは, 重力が大きくなりすぎる. 図 7.1 で, 重力まで含めた超統一のスケールとほぼ同じ）のような超高エネルギーのスケール ($10^{16} \sim 10^{19}$ GeV) と, ヒッグス粒子のスケール（電弱スケールと呼ばれている 10^2 GeV）の2つがなぜ存在するのか？そもそも, 大きく異なるスケールが存在するのは不自然であり, 本質的な問題が残ったままである. これが階層性問題である. 第7章の最後に述べたヒッグス粒子の質量が量子力学のループの効果で発散する場合の問題で使われている例があるが, この「そもそも」の方が本当の階層性問題である.

この解決の鍵となるのが, トップクォークの湯川結合の大きさである. トップの湯川結合 $y_t \sim 1$ と非常に大きいことを 6.7 節で見た. 大きな結合であるため, 図 7.3 のような量子効果で, 輪の仮想状態の部分にスカラートップクォーク（トップクォークの超対称性パートナー）が回る効果が効く. スカラートップクォークも3つのカラーがあるため, この量子効果は3倍され, ヒッグス場の質量の2乗は低いエネルギーで負になり, 電弱スケールの真空期待値をもつことができるようになる.

質量や結合定数は, 測定するエネルギースケールで変化する. 不確定性関係を考えて別の言い方をすると, 測定する距離のスケールで変化するのである. 例えば 1 fm 程度の距離での値は 200 MeV のエネルギースケールでの値になる. 結合定数の例を図 8.3 に示すが, μ 粒子と光子の結合に対する量子力学的な補正で結合定数は影響を受ける. この例では, μ 粒子と光子の間に仮想的な粒子を交換する. 補正に取り込む仮想粒子の運動量をどこまで取り込むかによって, 大きさが変化する. 数学的に言うと仮想粒子のループの積分の領域を変えることに対応する. 取り込む運動量というのは, 観測する領域の大きさに依存する. ある運動量で測定すると, それより大きな運動量（図 8.3 では小さな空間領域）の仮想粒子は見分けがつかないので取り込むことになる. 一方低い運動量（大きな空間領域）の仮想粒子の効果は含まないことになる. こうして結合定数や質量は, 存在する粒子の種類と, 測定するエネルギースケールによって変化す

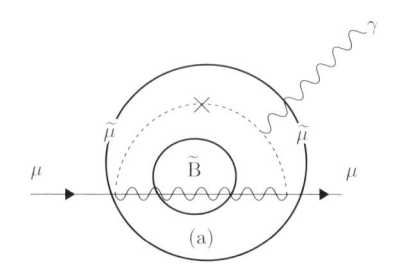

図 **8.3** 繰り込み群のイメージ：丸が取り込む領域を表している．高いエネルギーで調べると小さな丸の領域より小さい領域のすべての効果を取り込む必要がある．低いエネルギーで調べると，大きな丸より内側の領域の効果を取り込まねばならない．

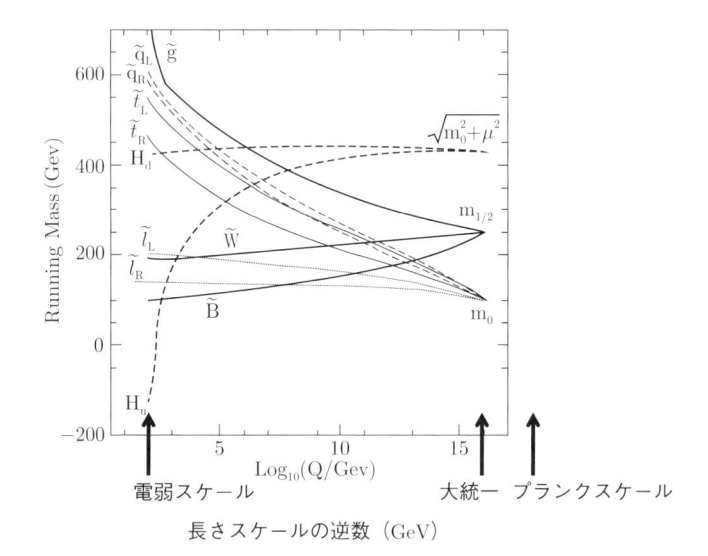

図 **8.4** 階層性：電弱スケールで自然にヒッグス質量の 2 乗が負になり自発的に電弱対称性が破られる．横軸は，エネルギーのスケールの log．縦軸は，それぞれの粒子や場の質量の 2 乗．高いエネルギーで統一されていた質量が，繰り込み群の効果で，LHC のエネルギースケールでいろいろなスペクトラムになる．ヒッグス場は，2 乗が負になり，真空に凝縮することができる．さらに，超対称性粒子のうちカラー電荷をもったスカラークォークやグルイーノが重くなることがわかる．

るのである．この変化を表す微分方程式を繰り込み群方程式と呼ぶ．

図 8.4 は，質量の 2 乗の変化を標準理論と超対称性粒子を考えて計算した結

果である．トップクォークの湯川結合が $y_t \sim 1$ であり，スカラートップクォークの補正が大きく働くため，ヒッグス場の質量の2乗は負になって，自動的にヒッグス場の凝縮を起こすことができるのである．もっと正確に言えば，$10^{16} \sim 10^{19}$ GeV の高いエネルギーが本質であり，そこで他の素粒子と同じような値だったヒッグス場の質量は，大きなトップクォークの湯川結合による量子効果で，自発的に対称性を破り，O (100 GeV) で電弱対称性を破るのである．このようにして超対称性では「そもそも」の階層性問題が自然に解決され，自然に出てきた電弱スケールが，図7.3で見たように量子力学的な補正に対しても安定である．1つで2つの問題を自然に解決してくれる．

8.4 超対称性の切り拓く新しい世界 (2) 力の大統一

前節で述べた繰り込み群を結合定数に使うと，もっとすごいことがわかった．10^2 GeV の電弱スケールで，電磁気力，弱い力，強い力の3つの強さの結合定数を精密に測定し，高いエネルギースケールでどうなるかについて，繰り込み群方程式を解いた結果が図8.5である．横軸が，測定するエネルギースケールであり，左の点線の箇所が電弱スケールである．縦軸が結合の強さの逆数である．電磁気力と弱い力は，ワインバーグ角（式 (2.2)）だけ混合しているので，混合を戻した結合定数 g をプロットしている．もし，標準理論の粒子しか存在しなかったら，3つの力は高いエネルギーで1つになることはない．しかし，$1 \sim 10$ TeV 程度の質量に超対称性粒子が存在すると，そこから傾きが変わり（登場人物が標準理論粒子とその超対称性パートナーになる），高いエネルギー 2×10^{16} GeV 付近で3つの力の強さが一致する．これが大統一理論 (Grand Unified Theory：GUT) である．

$1 \sim 10$ TeV の質量の超対称性粒子あると，GUT が間接的だがあることが示される．この図8.5が発表されたのが，私が大学院修士課程の学生の頃だった．以来，超対称性をほぼ四半世紀追い求めてきたが，この原動力になったのが，このプロットである．それくらい大きな意味のあるものである．GUT が必要なことは，7.1節ですでに述べたが，図7.1に GUT の意味を示してある．物理学とは，統一の歴史である．電気の力と磁気の力を統一して電磁気力になった．ヒッグス粒子の発見は，電磁気力と弱い力を部分的に統合したことに対応する．

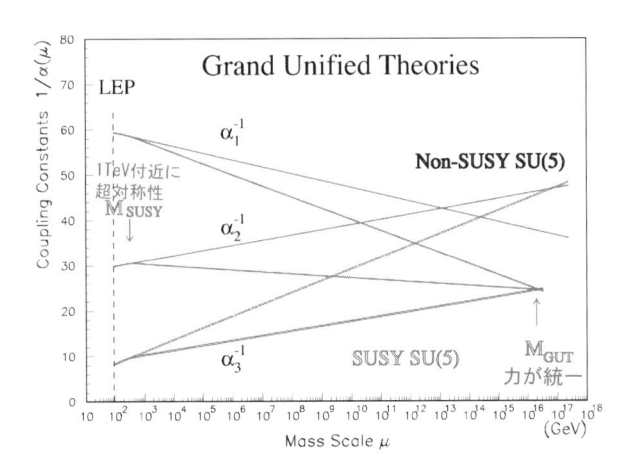

図 8.5 大統一理論の示唆: 横軸はエネルギーのスケール, 縦軸はゲージ粒子の結合の強さの逆数. 1番上はハイパー電荷の力 B, 2番目は弱い力 W, 一番下は強い力 g である. 標準理論の粒子だけで繰り込み群方程式を解いても3つの力は統一されない（図中「Non-SUSY SU(5)」）が, 1～10 TeV 付近の質量をもつ超対称性粒子も加えて繰り込み群方程式を解く（図中「SUSY SU(5)」）と, 3つの力は $\sim 10^{16}$ GeV で統一される.

部分的と言ったのは，ヒッグス場が自発的に対称性を破る以前は，2つの力は似たような力が混合したものであったからである．しかし，結合の強さは少し違っていたから真に統一されていたわけではない．一方，超対称性による GUT は，強い力まで加えて，3つを真に統一したものである．それくらい，図 8.5 は大きな意味のある示唆である．

4つ目の力，それが重力である．重力も，さまざまな統一を経てきた．まず，地上の力学と天体の運行の力がニュートンにより統一され万有引力になった．アインシュタインによって時間と空間が統一され，時空の物理学としてすなわち一般相対性理論としてまとめられた．この次の統一が，量子論（強い力，弱い力，電磁気力）との統一であり，そのために超対称性という性質が重要な役割を果たすことはすでに述べた．このように超対称性は大統一のみならず，重力の統合まで含む超統一の鍵となるものである．

8.5 超対称性の切り拓く新しい世界 (3) 暗黒物質

　最後に，暗黒物質について考える．図 8.6 に宇宙観測から得られた宇宙の物質エネルギーの内訳を示す．標準理論の物質はわずか 5% 足らずであり，宇宙のエネルギー物質の約 25% は暗黒物質だと考えられている．超対称性粒子のうち，一番軽い中性粒子は安定で暗黒物質のいい候補になる．いい候補というのは，宇宙初期の熱平衡状態で生成され，対消滅などで消えてなくなる分をいれて，ちょうどこの約 25% 程度になることである．超対称性の質量や性質から，自然に暗黒物質が出てくる．これがただの偶然なのか？ それとも真実なのか？ まだわからないが，超対称性が期待されている大きな理由の 1 つである．

　ハイパー電荷を伝えるゲージ粒子 B 粒子と弱い力の中性ゲージ粒子 W^0 粒子とがワインバーグ角（式 (2.2)）だけ混合して，γ と Z^0 粒子になっている．超対称性粒子のうち，B 粒子の超対称性パートナー（$\tilde{B}$:ビーノ），W 粒子の超対称性パートナー（$\tilde{W}^0$:ウィーノ），ヒッグス場の超対称性パートナー（$\tilde{H}_{u,d}$:ヒグシーノ，2 種類ある）の 4 つは混合し，4 つの混合状態（$\tilde{\chi}^0_{1,2,3,4}$:ニュートラリーノ）になる．その一番軽い状態（$\tilde{\chi}^0_1$）が，暗黒物質として最適である．これらのニュートラリーノの基となる超対称性粒子は，図 8.2 に四角に示してある．これらは中性で電荷や強い力の電荷をもたない．弱い力を通してのみの反応となるため，暗黒（見えない）になるのである．ニュートリノの検出が難しいことを考えると，弱い力だけの粒子が見えない理由がわかる．一番軽い超対称性粒子

宇宙の成分表

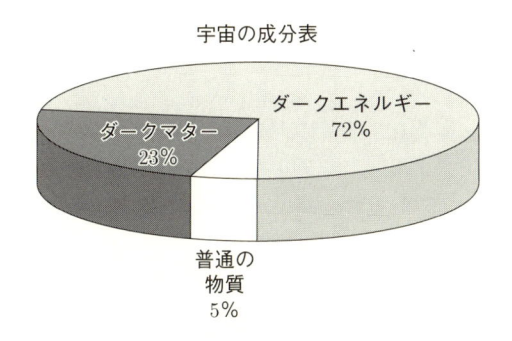

ダークエネルギー 72%
ダークマター 23%
普通の物質 5%

図 **8.6** 宇宙の成分表: 標準理論粒子の寄与は，わずか 5% でしかない．残りは暗黒物質と暗黒エネルギーが占めている．

は，安定だと思われているので，宇宙寿命で残っている．

ビーノは結合が弱いため，$\tilde{B}\tilde{B}$ の衝突で対消滅が起こりにくく，宇宙全体で適正量になる（宇宙の密度 $\Omega = 1$）には軽くないと難しい．これまでの LHC で超対称性が見つかってないことより，ビーノが主成分の暗黒物質となるのは難しい．ウィーノやヒッグシーノ成分が中心であることは期待されているが，まだ不明な要素が多数あり，超対称性粒子の発見が急務である．ここで R-パリティーという性質を導入している．これは標準理論の粒子（図 8.2 左側）に +1，超対称性粒子（図 8.2 右側）に −1 を定義する．素粒子の反応は R-パリティーが保存していると考えられ，一番軽い超対称性粒子は安定になる．超対称性粒子が生成されるときは，必ず対 $(-1 \times -1 = 1)$ で生成される．

8.6 LHC での超対称性粒子の探し方

超対称性の破れを伝搬する機構がいろいろあることは述べた．この違いで，図 8.2 の超対称性粒子の重さの関係がいろいろ変化する．ここでは一般的な話をする．詳細な方法などは，参考図書で述べている．LHC では，図 8.7 のように，強い力を通して，スカラー・クォークとグルイーノ（グルーオンの超対称性パートナー）がまず生成される．R-パリティーにより，超対称性粒子は"対"で生成される．LHC では，スカラー・クォーク対，グルイーノ対，スカラー・クォークとグルイーノが対になる 3 通りがある．4.3 節で述べたように，重い超対称性粒子を生成する場合，グルーオンとアップクォーク，ダウンクォークが主な寄与を行う．

図 8.8 は，生成されたスカラー・クォークとグルイーノがカスケード崩壊を起こし，複数の粒子を放出してゆく様子を模式的に表したものである．まず，生成されたスカラー・クォークやグルイーノは，弱い力や電磁気力を通して電弱ゲージに崩壊する．この過程で高いエネルギーをもったクォークが放出されジェットとして観測される．中間状態の電弱ゲージーノは 2 つのフェルミオンと一番軽いニュートラリーノに崩壊する．1 番軽いニュートラリーノは暗黒物質なので検出器を通り抜けてしまう．このため大きな消失エネルギーが観測される．図 8.9 にモンテカルロシミュレーションで超対称性事象を表す．暗黒物質が左側に逃げているので，観測されるジェットが右側に集中している．こん

8.6 LHC での超対称性粒子の探し方

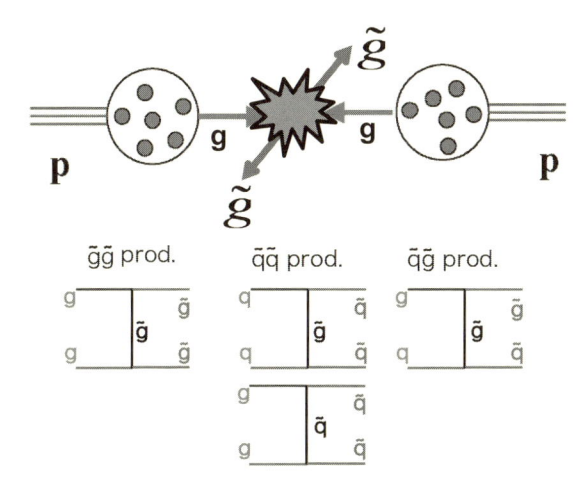

図 8.7 超対称性粒子生成過程: 陽子の内部パートンのうち高いエネルギーを運んでいるグルーオンやバレンスクォークが衝突し, 色電荷をもったグルイーノ, スカラークォークが対生成される.

なアンバランスな事象が一般的な特徴である.

初めに生成されたカラーをもった超対称性粒子と, 電弱ゲージーノや暗黒物質との質量の差が探索で重要な要素である. この差が約 500〜700 GeV ぐらいより小さくなると, カスケード崩壊過程で放出される粒子の運動量が小さくなり, バックグラウンドと区別がつかなくなる. ここが LHC の泣き所で, 超対称性粒子が縮退する場合は難しくなる. どんなときに, こんな縮退が起きるのだろうか？図 8.3 に示したように, 超高エネルギーで統一され, 超対称性粒子の質量が縮退していても, LHC のスケール 1〜10 TeV では繰り込み群の効果でばらける. 統一されるエネルギーが, TeV と大きく異ならない限り, 一般に縮退を起こすのは難しいことがわかる.

2010〜2012 年の第 1 期実験でヒッグス粒子の探索と平行に超対称性粒子の探索も行ってきた. 残念ながらこちらの方はまだ発見されていない. スカラー・クォークとグルイーノが 1 TeV 程度より重いことがわかった. 同時にビーノが主成分の暗黒物質はかなり制限された.

超対称性粒子の期待されている質量領域は 1〜10 TeV 付近であるのでこれまでの探索結果は, まだ入り口を調べた程度であり, LHC のエネルギーを増強して本当の探索がこれから始まる.

110　第 8 章　超対称性と時空

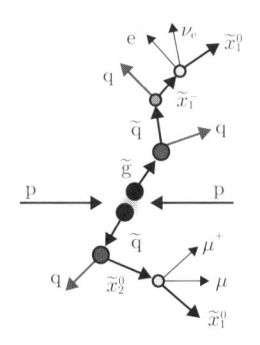

図 8.8　超対称性粒子のカスケード崩壊過程：質量の重い超対称性粒子は，標準理論粒子を放出して，より軽い超対称性粒子に崩壊する．最終的には暗黒物質 $\tilde{\chi}_1^0$ になる．右側は事象としてカスケード崩壊を示している．

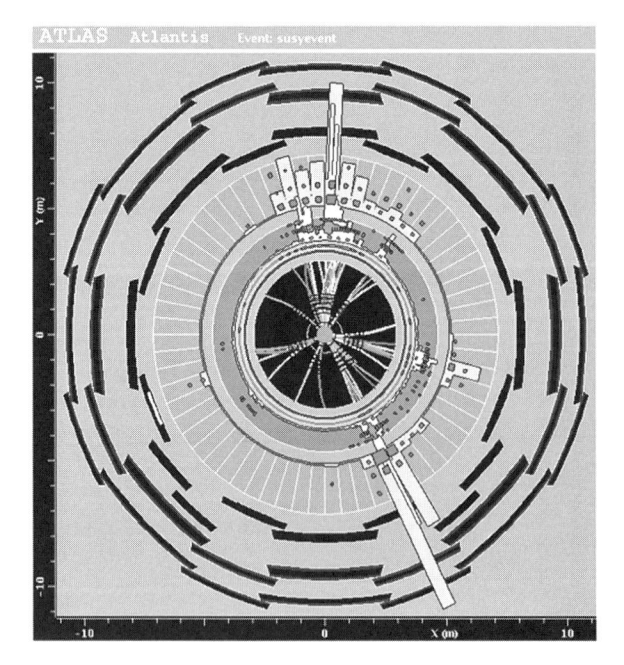

図 8.9　超対称性粒子の期待される信号：シミュレーション結果:カスケードの上段で放出された無数のジェットが右側に観測されている．暗黒物質 $\tilde{\chi}_1^0$ 2 つが左側に放出されているが観測されないので，アンバランスな事象に見える（提供：ATLAS 実験）．

第9章 これから

　ヒッグス粒子が見つかって，標準理論の登場人物は全部揃った．図 3.4 にすでにまとめたように，3 極が存在している．

1) 物質を形作るフェルミ粒子（クォークとレプトン）
2) 力を伝えるベクターボソン粒子（ゲージ粒子）
3) ヒッグス場は，真空に潜んで，フェルミ粒子や Z^0 粒子や $W^\pm$ 粒子に質量を与えるスカラー場

があり，それぞれの関係である，ゲージ原理，南部ゴールドストーンボソンモード，湯川結合も理解された．標準理論がこれで確立したことになる．しかし，これですべてが理解できたわけでない．

1. 図 8.6 で示したように，標準理論粒子は宇宙のわずか 5% しか説明しない．残り 95% の正体が不明である．暗黒物質や暗黒エネルギーの理解が不可欠である．
2. 力が重力以外に 3 つもある．クォークとレプトンの素電荷の単位が一致していることが示すように，これらの力の統一が必要である．
3. なぜ 3 世代あるのか？ 世代を作っているのが真空，ヒッグス場との結合（湯川結合）の違いであると思われている．湯川結合は電子とトップクォークで 6 桁も違っているのはなぜか？
4. なぜヒッグス粒子への量子力学効果が抑えられ，125 GeV と軽いのか？なぜこんなに電弱スケールが小さいのか？
5. 重力ってミクロに解明できていない．重力の量子論が作れない．
6. この宇宙になぜ物質しかないのか？反物質との非対称性の起源はまだ解明されていない．物質・反物質の非対称性を生むためには，CP 変換（粒子と反粒子を入れ替えて，パリティー変換（鏡に写す変換））をして，元から

ずれる必要がある．日本の高エネルギー加速器機構での B-factory 実験で，クォークの CP の破れが，小林益川行列で理解できることが示され，小林・益川両先生にノーベル物理学賞が贈られた．一方で，このクォークの CP の破れでは，物質・反物質の非対称性を生み出すには不足していることもわかっている．新しい CP の破れをタネを見つけねばならない．B-factory 実験の性能を大幅に強化して，新しい CP の破れを探る実験が 2017 年頃から始まる．また CP の破れの起源が，レプトン側にあると考え，ニュートリで探る計画も日本や米国で進められている．第 8 章で述べた超対称性が CP の破れの起源である可能性も高い．　超対称性粒子には無数の CP の破れの起源がある．

7. 標準理論のパラメーターが多すぎる．湯川結合などを自然に説明できない．

など，標準理論には多くの問題があり，決して究極の理論ではない．

　これからが素粒子研究の新しい時代の幕開けであり，標準理論を超えた新しい素粒子現象の発見を目指している．ヒッグス粒子の質量は，何か新しい原理・対称性が存在することの傍証である．そして，ヒッグス粒子発見により，素粒子そのものより，そのいれものである真空や時空の物理へのパラダイムシフトが起こっている．

　図 9.1 は，模式的にこれからの研究の風景を表している．我々は，「素粒子物理学」というように素粒子自体がターゲットだった．ヒッグス粒子の発見は，従来の素粒子の背後に真空のスカラー場があることの証拠であり，宇宙の進化やインフレーションに真空の相転移が重要な役割を果たしていることがわかった．これからは，ヒッグス粒子を通して，ヒッグス場という「真空の場」を研究するようになった．LHC や ILC で，もっと精密にヒッグス場を調べることで，湯川結合が標準理論からずれていないか？やヒッグス粒子同士の結合を調べることで，図 3.3 のヒッグスポテンシャルの形を決めることができる．それは宇宙初期にどんな機構が働いて，ポテンシャルの形が変わったのか？などの答えにつながる．

　真空に潜んでいるのは，おそらくヒッグス場ばかりでない．もっとエネルギー ($\langle v \rangle$) が高い場ではインフラトンと呼ばれるインフレーションを引き起こした場や，大統一と関係した場が潜んでいると考えられている．逆に，エネルギーが低い未知の場も潜んでいる可能性がある．この可能性を我々のグループは，光

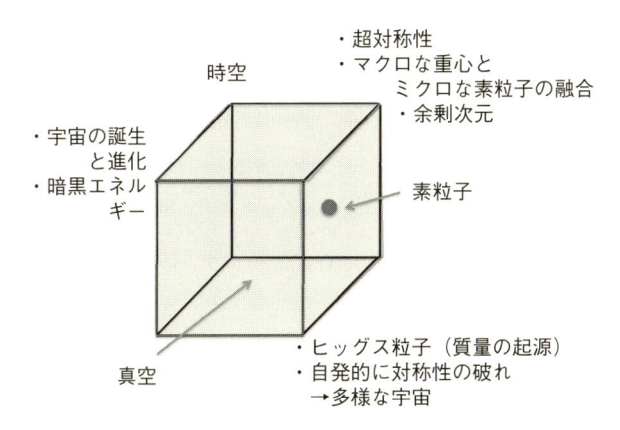

図 9.1 新しい素粒子物理学の展望

を使って探っている．光と光（光の反粒子は光自身なので）を衝突させると，未知の場を励起して散乱が起こる．世界最強強度の X 線源（理化学研究所の SACLA）や高輝度レーザーを用いて探索を行っている．大型加速器以外の手法もこれからますます重要になってくる．

素粒子を取り囲むもう 1 つのモノは，「時空」である．超対称性粒子の発見は，「時空」と「素粒子」を結ぶミッシングリンクの発見である．重力・時空のもう 1 つの問題．それは，なぜ 40 桁も他の力と較べて弱いのか？である．この 1 つの説明が，我々は 10 次元の宇宙に住んでいて，6 次元が余剰次元として存在している可能性が指摘されている．こんな SF のような話も現実的（?）に研究されるようになってきた．重力を伝える重力子は，10 次元を自由に行き来しているのに対して，それ以外の素粒子は，4 次元の膜に張り付いている．重力子がたまたまこの膜の付近に来たとき重力が働く．"たまたま"の因子で 40 桁も小さくなっていると考える．

真空と時空が結びついたときに，暗黒エネルギーや重力誕生が解明されることになるであろう．ここまで行くにはまたまた多くの研究課題がある．重力を量子的に扱うには，現在はパラメーターとしている時空そのものを量子化する必要があり，その方法や，繰り込みなど多くの理論的な問題も残っている．

LHC は 2015 年より重心系エネルギーを 13 から 14 TeV に倍増して実験を再開する．その一番の目的は，標準理論を超える新しい素粒子現象の発見の一言に尽きる．超対称性粒子が一番期待されている現象である．これからが本当に

大切でエキサイティングな時期である．本書で述べたような展開で進むか，ハズレるか？ どちらに転んでも目がはなせない．

付録 素粒子の対称性

　素粒子は，本文で述べたゲージ対称性をはじめ，さまざまな対称性をもっている．まず，連続対称性と不連続対称性に分類できる．不連続対称性は，パリティー対称性（空間反転）や時間反転，粒子・反粒子反転に対しての対称性であり本文でも簡単に触れた．一方，連続対称性から保存量が導き出される．例として，電荷の保存などである．

　ある対称性を考える空間が，我々の知っている4次元の時空なのか，それとも素粒子の内部空間（内部に空間があるという意味でなく，素粒子のもっている性質を表すための仮想空間）なのかがある．その前者の例がローレンツ対称性やポアンカレ対称性と呼ばれているものあり，ここでまとめる．後者の例が，位相の回転自由度で，電荷保存やゲージ原理が導出される．第8章で述べた超対称性は，この両者にまたがる初めての対称性として期待されている．

　x方向に，速度vで運動している場合のローレンツ変換は

$$ct' = \frac{ct - (\frac{v}{c})x}{\sqrt{1 - (\frac{v}{c})^2}} \tag{A.1}$$

$$x' = \frac{x - (\frac{v}{c})t}{\sqrt{1 - (\frac{v}{c})^2}} \tag{A.2}$$

で結構面倒な変換である．自然単位系で$c=1$として考える．ここで速度βとローレンツ因子γを$\beta = \frac{v}{c}$，$\gamma = \frac{1}{\sqrt{1-\beta^2}}$とすると，ローレンツ変換は，

$$\begin{pmatrix} t' \\ x' \\ y' \\ z' \end{pmatrix} = \begin{pmatrix} \gamma & -\beta\gamma & 0 & 0 \\ -\beta\gamma & \gamma & 0 & 0 \\ 0 & 0 & 1 & 0 \\ 0 & 0 & 0 & 1 \end{pmatrix} \begin{pmatrix} t \\ x \\ y \\ z \end{pmatrix} \tag{A.3}$$

と4×4の行列で表すことができる．式(4.12)をy, zにも拡張しただけである．

ここで双曲関数を導入する．

$$\sinh \eta = \frac{e^\eta - e^{-\eta}}{2}, \cosh \eta = \frac{e^\eta + e^{-\eta}}{2} \tag{A.4}$$

$$\tanh \eta = \frac{e^\eta - e^{-\eta}}{e^\eta + e^{-\eta}}. \tag{A.5}$$

2乗してみるとわかるが，$\cosh^2 \eta - \sinh^2 \eta = 1$ となっており，$x^2 - y^2 = 1$ の双曲線の関数になっている．ここで，式 (4.9) にならって，ラピディティー η[1] を導入し，

$$\beta = \tanh \eta \tag{A.6}$$

とすると，

$$\gamma = \frac{1}{\sqrt{1 - (\frac{\sinh \eta}{\cosh \eta})^2}} = \cosh \eta \tag{A.7}$$

$$\beta\gamma = \sinh \eta \tag{A.8}$$

となるので

$$\begin{pmatrix} t' \\ x' \\ y' \\ z' \end{pmatrix} = \begin{pmatrix} \cosh \eta & -\sinh \eta & 0 & 0 \\ -\sinh \eta & \cosh \eta & 0 & 0 \\ 0 & 0 & 1 & 0 \\ 0 & 0 & 0 & 1 \end{pmatrix} \begin{pmatrix} t \\ x \\ y \\ z \end{pmatrix} \tag{A.9}$$

と何か回転を連想させる形になってきた．時間がなぜ空間と違うか？計量テンソル（式 (2.9)）の符号が違うからであり，時間が虚数の性質をもっているからである．そこで $t = iT$ と空間的な時間 T を考える．

$$\begin{pmatrix} T' \\ x' \\ y' \\ z' \end{pmatrix} = \begin{pmatrix} \cosh \eta & i\sinh \eta & 0 & 0 \\ -i\sinh \eta & \cosh \eta & 0 & 0 \\ 0 & 0 & 1 & 0 \\ 0 & 0 & 0 & 1 \end{pmatrix} \begin{pmatrix} T \\ x \\ y \\ z \end{pmatrix}. \tag{A.10}$$

オイラー公式 $e^{i\theta} = \cos\theta + i\sin\theta$ からわかるように，

---

[1] 本文では ラピディティー，擬ラピディティーをそれぞれ y, η としたが座標軸 y との混同をさける目的で，ラピディティーを η としている．

$$\sin\theta = \frac{e^{i\theta} - e^{-i\theta}}{2i}, \cos\theta = \frac{e^{i\theta} + e^{-i\theta}}{2} \tag{A.11}$$

であり，これから $\eta = i\theta$ とすると

$$\begin{pmatrix} T' \\ x' \\ y' \\ z' \end{pmatrix} = \begin{pmatrix} \cos\theta & -\sin\theta & 0 & \\ \sin\theta & \cos\theta & 0 & 0 \\ 0 & 0 & 1 & 0 \\ 0 & 0 & 0 & 1 \end{pmatrix} \begin{pmatrix} T \\ x \\ y \\ z \end{pmatrix} \tag{A.12}$$

と回転 θ を行ったことになっている．このように，ローレンツ変換は，時間の虚数性を考えると回転になっている．時間と空間の回転なので速度を変えているように見える．

ここから3つことが学べる．

- ラビディティー η は回転になっているので，可算である．すなわち，η_1 動かして，η_2 動かすのは $\eta_1 + \eta_2$ 動かすことになっている．これが式 (4.13) の理由である．
- 円や球で考えると，回転の自由度は半径という保存量がある．保存量と対称性の関係である．ローレンツ変換の保存量は，$\Delta s^2 \equiv \Delta t^2 - \Delta x^2 - -\Delta y^2 - \Delta z^2$ である．この Δs を固有時間と呼んでいる．これは運動の変化が小さいとき（$\Delta x, y, x$ が小さいニュートン近似），時間 Δt になるからである．この式を固有時間で割り，わかりやすくするため，光速 c を補って考えると $c^2 = c^2(\frac{\Delta t}{\Delta s})^2 - (\frac{\Delta x}{\Delta s})^2 - (\frac{\Delta y}{\Delta s})^2 - (\frac{\Delta z}{\Delta s})^2$ となる．この4次元ベクトル $u^\mu = (\frac{cdt}{ds}, \frac{dx}{ds}, \frac{dy}{ds}, \frac{dz}{ds})$ は4次元速度ベクトルと呼ばれている．この速度ベクトルに質量 m をかけて運動量ベクトル p^μ にすると $p^\mu = (\frac{mc}{\sqrt{1-\beta^2}}, \frac{mv}{\sqrt{1-\beta^2}})$ となり，$m^2 = E^2 - P^2$ が得られる．
- 今は x 軸方向のローレンツ変換，すなわち，時間・x 平面の回転を考えたが，x, y, z と3つある．

時間・空間平面の回転を考えたのだから，特殊相対論の精神にのっとると，空間・空間平面の回転も考えなければいけない．例えば $x-y$ 平面での回転である．この起源の対称性は，宇宙法則は $x, y, (z)$ 軸の取り方によらない．何か特定の方向がないことである（空間等方性）．これは，なじみ深い回転であり，これから角運動量 L_z が保存する．同様に $y-z$ 平面，$z-x$ 平面での回転があり，全

部で3つある．上で述べたローレンツ変換と合わせた6つの回転対称性が，この時空のもっている対称性である．

さらに4つ並進の対称性がある．これはローレンツ対称性と呼ばれず，ポアンカレ対称性と呼ばれている．これは，2.4節で述べているが，(t, x, y, z) の座標の原点の自由からくる対称性である．これからエネルギー・運動量保存則が出てくる．

我々の時空のもっている性質より6つの回転と4つの並進の連続対称性があることがわかった．不連続対称性については，空間反転，時間反転してもいいようになっているのでパリティー対称性と時間対称性がある．中学生か高校生のときかあまり記憶にないが，角運動量 $\vec{r} \times \vec{p}$ なんて変な積が保存するなら，いろいろな積が保存するに違いないと，高いべきの物理量を考えて，法則を作ろうしたのを覚えている．しかしこの10個が保存するのは，時空のもっている性質に起因するからである．

参考図書

　私が読んでみて面白いなと思った図書で，大学4年生向けの授業の参考書としてあげている教科書に絞ってあります．ただ並べても面白くないだろうと思うので書評ではないですが，なぜ参考書としてあげているのか? 授業のときに言っているであろうセリフを付加してしておきます．これ以外にもたくさん良い図書はあります．

1. 素粒子物理学全般

    (a) F. ハルツェン，A. D. マーチン 「クォークとレプトン—現代素粒子物理学入門」（培風館）（日本語は絶版）
    F. Halzen and A. D. Martin "Quarks and Leptons: An introductory Course in Modern Particle Physics" (Willey)
    　　全体を理解するうえで，わかりやすい．ファインマン則の計算など，実際に役に立つので，学部4年生の冬学期に，大学院進学予定者の輪講の教科書にしている．厳密さに欠けて天下り的だとの声も聞かれますが，イメージしやすい説明で，韋編三絶するまで愛読した本です．

    (b) 長島順清 「高エネルギー物理学の基礎 I, II」および「素粒子標準理論と実験的基礎」，「高エネルギー物理学の発展」（朝倉書店）
    　　日本語で一番体系だっている教科書で4部作です．この順番で発展的な内容になっています．今回この本でカバーしたのは，最初の1, 2冊の一部と最後の4冊目の発展の一部をつまみ食いした感じです．詳しく勉強をしてみたい人は，是非手にとってみてください．

    (c) D. H. Perkins "Introduction to High Energy Physics, 4th" (Cambridge)
    　　学部3年生のゼミで教科書に用いている．もっと基礎的な"対称性"などの話が多く，素粒子の世界の美しさがわかります．「パーキンス

先生ってインテリやな」と思うことが多いエレガントな本です．
- (d) 浅井祥仁　素粒子物理学概論（学部）

  http://www.icepp.s.u-tokyo.ac.jp/~asai/Lecture/main.htm

  「はじめに」に述べましたが，数式で厳密にではなく，イメージと実験結果を中心に素粒子物理学の授業を学部4年生向けしていました．その資料です．本書をこれに沿った内容にしようと思いましたが，時間が全くとれず，思っている範囲の3割ぐらいしかカバーできていないのが，心残りです．至らないところが多々ありますが，これで断筆しようと決心したほど大変でしたので，お許しください．不足分は，ここを眺めてください．

2. ゲージ原理やディラック方程式など

- (a) 日笠健一「ディラック方程式　相対論的量子力学と量子場理論」（サイエンス社　SGCライブラリー 105）

  このシリーズは，なかなか粒揃いです．ディラック方程式をこれまで何度も勉強してきたつもりでしたが，多くのことをさらに学ぶことができる教科書でした．

- (b) 外村彰「ゲージ場を見る　電子波が拓くミクロの世界」（講談社 ブルーバックス）

  本書の中のベクトルポテンシャルの実験データなどは，この本から参照した．普通の電磁気学が面白くないと思っている皆さんに．是非お勧めしたい本です．

- (c) 南部陽一郎「クォーク」（講談社 ブルーバックス）

  大学1, 2年の頃に読んで，この道を志すことになった1冊です．「対称性と破れ」の概念や素粒子研究のダイナミックな歴史が活き活きと描かれています．

3. 検出器

- (a) K. クラインクネヒト　「粒子線検出器」（培風館）

  素粒子の検出器一般的な教科書で原理が詳しく述べられています．新しい技術は含まれていませんが，基礎を勉強するうえで役に立ちます．第2版は，英語ですが新しい検出器の話も含まれています．K. Kleinknecht

"Detectors for Particles Radiation, 2nd Edition" (Cambridge)
 (b) 政池明「素粒子を探る粒子検出器」(岩波書店　岩波講座　物理の世界)
原理は述べられていないのですが，重要なことを非常にコンパクトにまとめてあります．また LHC 加速器の最新の検出器も多くカバーされています．

4. LHC や超対称性など

 (a) 秋葉康之　「クォーク・グルーオンプラズマの物理」(共立出版　基礎法則から読み解く物理学最前線 3)
対称性の話や，運動学，QCD (量子色力学)，陽子の内部構造など本書ではしょった箇所が詳しく述べられています．

 (b) R. K. Ellis, W. J. Stirling and B. R. Webber "QCD and Collider Physics" (Cambridge)
この本を読んで，初めて QCD がわかった気がしました．難しい本ですが，LHC などの陽子コライダーに興味のある人は，大学院進学後に読んでみてください．

 (c) 太田信義，坂井典佑　「超対称性理論」　(サイエンス社　SGC ライブラリー 51)
超対称性の破れの理論的な箇所を学ぶ入門書です．超対称性は，破れていないと大変きれいな理論ですが，破れを導入するあたりから，急に面倒くさくなってきます．そんな破れを入門向けに説明している本です．

 (d) H. Baer and X. Tata "Weak scale Supersymmetry" (Cambridge)
厚い英語の本ですが，LHC での現象論を詳しく述べている．実験物理学者でも数式がフォローできるようになっており，多数のプロットが掲載されているので，超対称性がどのように LHC で発見されるかなど，研究者を志願される方は眺めてみてください．

 (e) 浅井祥仁「LHC の為の SUSY・Higgs・余剰次元講座」，LHC 集中講義資料
http://www.icepp.s.u-tokyo.ac.jp/~asai/Lecture/main.htm
自分の研究室や素粒子物理国際研究センターの大学院 1 年生向けに，

LHCで研究をするうえで大事な点をまとめてあります．ただし，2012年用までなので申し訳ございません．本書には載せなかったプロットなどが多数あります．超対称性粒子の探し方など詳細をまとめてありますので，興味のある方は眺めてください．

索　引

▎英数字▶

BEH 機構 ……………………… 38
Dirac 行列 …………………… 18
Dirac 方程式 ………………… 18
interaction length …………… 64
LHC …………………………… 43
Planck 長 ……………………… 7
Radiation Length …………… 63

▎あ▶

アノマリー伝搬 ……………… 101
暗黒物質 ……………………… 107
インフレーション ………… 7, 95
オイラー方程式 ……………… 30

▎か▶

階層性問題 …………………… 103
カイラル対称性 ……………… 31
クォーク ……………………… 9
繰り込み群方程式 …………… 104
グルーオン (g) ……………… 13
ゲージ原理 …………………… 27
ゲージ伝搬 …………………… 101
ゲージ粒子 …………………… 23

▎さ▶

自然幅 ………………………… 79
質量の起源 …………………… 90
自発的対称性の破れ ………… 33
シンクロトロン輻射 ………… 45
スケーリング則 ……………… 50

世代 …………………………… 10

▎た▶

大統一理論 …………………… 105
ダークエネルギー …………… 96
超重力機構 …………………… 101
超対称性 ……………………… 100
電磁カロリメータ …………… 59
電弱統一 ……………………… 94

▎は▶

パウリの排他律 ……………… 100
ハドロンカロリメータ ……… 60
パートン ……………………… 47
パートンの分布関数 ………… 53
反粒子 ………………………… 19
飛跡検出器 …………………… 59
ヒッグスの自己完結 ………… 85
ビックバン …………………… 7
標準理論 ……………………… 9
プランク定数 ………………… 3
ヘリシティー演算子 ………… 20

▎ら▶

ラグランジアン ……………… 29
ラピディティー ……………… 54
ルミノシティー ……………… 57

▎わ▶

ワインバーグ角 ……………… 13

著者紹介

浅井祥仁（あさい　しょうじ）

1990 年　東京大学理学部物理学科卒業
1995 年　東京大学大学院理学系研究科博士課程修了 博士（理学）
1995 年　東京大学素粒子物理国際研究センター 助手
2003 年　東京大学素粒子物理国際研究センター 助教授
2013 年－現在　東京大学大学院理学系研究科 教授
専　門　エネルギーフロンティアの加速器を用いた素粒子研究と光を用いた新しい素粒子研究
受　賞　仁科記念賞（2013）,日本学術振興会賞（2012）など

基本法則から読み解く 物理学最前線 7
LHCの物理
ヒッグス粒子発見とその後の展開
Particle Physics After the Discovery of Higgs Boson

2016 年 3 月 15 日　初版 1 刷発行

検印廃止
NDC 429.6
ISBN 978-4-320-03527-0

著　者　浅井祥仁　Ⓒ 2016
監　修　須藤彰三
　　　　岡　真
発行者　南條光章
発行所　共立出版株式会社
　　　　東京都文京区小日向 4-6-19
　　　　電話　03-3947-2511（代表）
　　　　郵便番号　112-0006
　　　　振替口座　00110-2-57035
　　　　URL http://www.kyoritsu-pub.co.jp/

印　刷
製　本　藤原印刷

NSPA 一般社団法人
自然科学書協会
会員

Printed in Japan

JCOPY ＜出版者著作権管理機構委託出版物＞
本書の無断複製は著作権法上での例外を除き禁じられています。複製される場合は,そのつど事前に,出版者著作権管理機構（TEL：03-3513-6969, FAX：03-3513-6979, e-mail：info@jcopy.or.jp）の許諾を得てください。

基本法則から読み解く 物理学最前線

須藤彰三・岡 真 [監修]

本シリーズは大学初年度で学ぶ程度の物理の知識をもとに，基本法則から始めて，物理概念の発展を追いながら最新の研究成果を読み解きます。それぞれのテーマは研究成果が生まれる現場に立ち会って，新しい概念を創りだした最前線の研究者が丁寧に解説します。

【各巻：A5判・並製】

❶ スピン流とトポロジカル絶縁体 量子物性とスピントロニクスの発展
齊藤英治・村上修一著　スピン流／スピン流の物性現象／スピンホール効果と逆スピンホール効果／ゲージ場とベリー曲率／他・・・・・・・・・・・・172頁・本体2,000円（税別）

❷ マルチフェロイクス 物質中の電磁気学の新展開
有馬孝尚著　マルチフェロイクスの面白さ／マクスウェル方程式と電気磁気効果／物質中の磁気双極子／電気磁気効果の熱・統計力学／他・・・・160頁・本体2,000円（税別）

❸ クォーク・グルーオン・プラズマの物理 実験室で再現する宇宙の始まり
秋葉康之著　宇宙初期の超高温物質を作る／クォークとグルーオン／相対論的運動学と散乱断面積／クォークとグルーオン間の力学／他・・・・・196頁・本体2,000円（税別）

❹ 大規模構造の宇宙論 宇宙に生まれた絶妙な多様性
松原隆彦著　はじめに／一様等方宇宙／密度ゆらぎの進化／密度ゆらぎの統計と観測量／大規模構造と非線形揺動論／統合摂動論の応用／他・・・194頁・本体2,000円（税別）

❺ フラーレン・ナノチューブ・グラフェンの科学 ナノカーボンの世界
齋藤理一郎著　ナノカーボンの世界／ナノカーボンの発見／ナノカーボンの形／ナノカーボンの合成／ナノカーボンの応用／他・・・・・・・・・・・・180頁・本体2,000円（税別）

❻ 惑星形成の物理 太陽系と系外惑星系の形成論入門
井田 茂・中本泰史著　系外惑星と「惑星分布生成モデル」／惑星系の物理の特徴／惑星形成プロセス／惑星分布生成モデル／他・・・・・・・・・・・・142頁・本体2,000円（税別）

❼ LHCの物理 ヒッグス粒子発見とその後の展開
浅井祥仁著　物質の根源と宇宙誕生の謎／素粒子の基礎原理／ヒッグス粒子とは／LHC加速器と陽子の構造／検出器／ヒッグス粒子をとらえる／他 134頁・本体2,000円（税別）

❽ 不安定核の物理 中性子ハロー・魔法数異常から中性子星まで
中村隆司著　はじめに：原子核，不安定核，そして宇宙／原子核の限界／不安定核を作る／中性子ハロー／不安定核の殻進化／他・・・・・・・・・194頁・本体2,000円（税別）

❾ ニュートリノ物理 ニュートリノで探る素粒子と宇宙
中家 剛著　素粒子物理とニュートリノ／ニュートリノ質量／自然ニュートリノ観測／人工ニュートリノ実験／ニュートリノ測定器／他・・・・・・・・114頁・本体2,000円（税別）

＊＊＊＊＊＊＊＊＊＊＊＊＊＊＊ 以下続刊 ＊＊＊＊＊＊＊＊＊＊＊＊＊＊＊

（価格は変更される場合がございます）

共立出版　http://www.kyoritsu-pub.co.jp/

https://www.facebook.com/kyoritsu.pub